U0264655

站在巨人的肩上
Standing on Shoulders of Giants

TURING
图灵教育

iTuring.cn

站在巨人的肩上
Standing on Shoulders of Giants

iTuring.cn

图灵程序设计丛书

HTML5与CSS3
实例教程（第2版）

HTML5 and CSS3, Second Edition

Level Up with Today's Web Technologies

【美】Brian P. Hogan 著

卢俊祥 译

人 民 邮 电 出 版 社

北 京

图书在版编目（CIP）数据

　　HTML5与CSS3实例教程 / （美）霍根（Hogan, B. P.）
著；卢俊祥译. -- 2版. -- 北京 : 人民邮电出版社,
2014.8
　　（图灵程序设计丛书）
　　ISBN 978-7-115-36340-4

　　Ⅰ．①H… Ⅱ．①霍… ②卢… Ⅲ．①超文本标记语言
－程序设计－教材②网页制作工具－教材 Ⅳ．①TP312
②TP393.092

　　中国版本图书馆CIP数据核字(2014)第154195号

内 容 提 要

　　HTML5 和 CSS3 技术是目前整个网页的基础。本书共分 3 部分，集中讨论了 HTML5 和 CSS3 规范及其技术的使用方法。这一版全面讲解了最新的 HTML5 和 CSS3 技术，所有实例均使用最新特性实现，针对的是最新版本的浏览器。

　　本书适合所有使用 HTML 和 CSS 的 Web 开发人员学习参考。

◆ 著　　　　[美] Brian P. Hogan

　　译　　　　卢俊祥

　　责任编辑　朱 巍

　　执行编辑　陈婷婷

　　责任印制　焦志炜

◆ 人民邮电出版社出版发行　　北京市丰台区成寿寺路11号
　　邮编　100164　电子邮件　315@ptpress.com.cn
　　网址　http://www.ptpress.com.cn
　　三河市海波印务有限公司印刷

◆ 开本：800×1000　1/16
　　印张：15.5
　　字数：367千字　　　　　　　　2014年8月第 2 版
　　印数：9 501 - 13 000册　　　　2014年8月河北第 1 次印刷
　　著作权合同登记号　图字：01-2014-0767号

定价：49.00元
读者服务热线：(010)51095186转600　印装质量热线：(010)81055316
反盗版热线：(010)81055315
广告经营许可证：京崇工商广字第 0021 号

版 权 声 明

致　　谢

对于一本书的第 2 版来说，面世速度理应很快，因为它不过是针对第 1 版的错误进行更正，对内容进行完善和更新。但是，你可知道，本书第 2 版却差不多是另写了一本新书！在写作过程中，有很多人给予了我莫大的帮助，借此机会在这里对他们表示感谢！

首先，感谢读者选择了这本书。希望你读完它后，其中的这些知识能够切实帮助你实现一些很酷且有趣的项目。

还有 Pragmatic Bookshelf 的优秀团队，我不仅要致以谢意，还会记住他们在本书出版过程中的功劳。Susannah Pfalzer 再一次保证了我又一本书的品质。她是本书的策划编辑，感谢她花费时间指导我以及对书中各种细节内容的关注，尤其是与 HTML5 和 CSS3 相关的书，有无数细节需要注意。Dave Thomas 和 Andy Hunt 给了我很多的意见反馈，感谢他们长久以来的支持！感谢大家！

我很幸运地遇到了本书的技术评审组，他们能力超强！点评和意见反馈都非常精彩、详实，各种改进建议内容丰富。感谢你们给予我的所有帮助：Cheyenne Clark、Joel Clermont、Jon Cooley、Chad Dumler-Montplaisir、Jeff Holland、Michael Hunter、Karoline Klever、Stephen Orr、Dan Reedy、Loren Sands-Ramshaw、Brian Schau、Matthew John Sias、Tibor Simic、Charley Stran 和 Colin Yates，感谢你们的深入审核！你们提供的大量建议和真知灼见在很大程度上决定了本书的最终内容。

感谢 Jessica Janiuk 提供了本书用到的 Android 设备上的截屏图片。

感谢我的业务伙伴 Chris Warren、Chris Johnson、Mike Weber、Nick LaMuro、Austen Ott、Erich Tesky、Kevin Gisi 以及 Jon Kinney，感谢你们一直以来的支持！

最后，我的妻子 Carissa 非常努力地工作，以确保我也可以非常努力（安心）地写作。她是我写作期间在身后默默支持我的“合作伙伴”，我永远感激她对我的爱以及所给予我的支持！谢谢你，亲爱的 Carissa，感谢你为我做的一切！

前　　言

对Web开发者来说，Web世界中的三个月犹如真实世界的一年。也就是说，自本书上一版出版至今已经有12个"Web年"了。

作为Web开发者，总能耳闻目睹一些新的技术趋势。在几年以前，HTML5和CSS3看起来还很遥远，但由于当前各种浏览器，如Chrome、Safari、Firefox、Opera以及IE等，都在努力实现HTML5和CSS3规范中的各项内容，因而现今企业和组织也都在业务系统的建设过程中纷纷采用这些新技术。

在Web应用交互方面，HTML5和CSS3帮助开发者打下了坚实的基础。新技术让我们能够创建更易开发和维护以及更具交互友好性的网站。HTML5提供了能够定义站点结构并嵌入内容的元素，这就意味着我们不必采用额外的属性、标记或插件。CSS3提供了高级选择器、图像增强功能以及更好的字体支持，让我们的网站更有吸引力，同时将我们从以往使用图片替代技术、复杂的JavaScript代码或者图像工具等旧有开发模式中解放出来。更好的可访问性能够提升动态JavaScript客户端应用对残障用户的支持,离线应用支持特性使得我们创建不需要网络连接即可运行的应用成为可能。

在本书中，我们将实践HTML5和CSS3技术，即使你的用户所使用的浏览器目前还不支持这些新特性，本书也能够帮助你弄清楚如何在项目中应用它们。在开始之前，我们先花点时间来讨论一下HTML5及相关的流行观点。

HTML5：平台还是规范

HTML5是一个规范，它描述了一些新的标签和标记，同时还包括了一些非常棒的JavaScript API，但HTML5陷入了炒作与浮夸的漩涡。于是，本是标准的HTML5最终演变成了平台性质的HTML5，给开发者和用户造成了很多困惑。在某些情况下，CSS3规范中的一些模块，诸如阴影、渐变和转换，也被当成了HTML。浏览器厂商正试图通过他们支持了多少"HTML5"新特性的方式，来达到其领先于其他浏览器厂商的目的。于是，人们开始提出诸如"用HTML5来创建网站"这类的奇怪要求。

本书的大部分内容都将聚焦于HTML5和CSS3规范本身，以及你如何根据所有常用Web浏览器对这些技术的描述方式来使用这些技术。在本书最后，我们将探索一系列跟HTML5紧密相关的规范，它们可以即刻应用到多个平台上，如Geolocation（地理定位）和Web Sockets。虽然这些技术从严格意义上讲并非HTML5，但它们在跟HTML5和CSS3协同工作时却可以帮助你创建出令人难以置信的丰富应用。

本书内容

本书的每个章节分别聚焦于某一类特定问题，我们可以使用HTML5和CSS3来解决这些问题。每章都有一个概述以及一个覆盖全章标签、特性或概念的汇总列表。每章的主要内容将拆分为多个实例部分，这些实例将介绍特定概念，并引导你用这些概念创建一个简单的示例。各章内容分门别类并据此展开讨论。相较于将内容分成HTML5和CSS3两部分来讲解，基于亟待解决的实际问题进行分类讨论的方式更具实际意义。你会发现其中几章重点聚焦于CSS3，同时CSS3技术又很合时宜地遍及其他章节。

许多实例都包含了一个"回退方案"的章节，为某些用户的浏览器无法直接支持我们基于新特性的实现提供了解决方案。我们将通过各种技术实现来确保回退方案的正确运行，从第三方JavaScript库到我们自己的JavaScript代码实现，以及jQuery解决方案，等等。

每章最后还包括了一个"未来展望"章节，其中讨论了当新特性在将来得以更广泛采纳时，如何更好地应用这些技术。

首先，我们会快速了解一下HTML5和CSS3的概貌，并认识一些新的结构化标签，它们可以用来描述你的页面内容。之后，我们构造一个表单，你将有机会了解表单字段及其特性，诸如自动聚焦和就地编辑等。从那开始，你将使用一些CSS3的新选择器来给元素应用样式，从此告别通过给内容添加额外标记来实现的旧有做法。

接下来，我们将探究HTML5的音频和视频支持，并且你将掌握如何通过画布绘制形状。你也将了解到如何使用CSS3的阴影、渐变与转换等特性，以及字体、过渡和动画特性。

然后，我们将使用HTML5客户端的一些新特性，如Web Storage、IndexedDB以及离线支持，来创建客户端应用程序。同时，我们会通过Web Sockets实现一个简单的聊天服务通信程序，并讨论HTML5是如何实现跨域消息发送的。你还将有机会接触到Geolocation API的使用，以及管理浏览器历史记录的知识。

本书聚焦于在现代浏览器中你可以实现怎样有趣的应用。尽管一些附加介绍的HTML5和CSS3新特性当下还不具备广泛应用的成熟度，但仍然是有价值的。你将在第11章进一步了解到这些新特性。

附录A是全书所涉及新特性的一个完整列表，并提供了具体特性所对应描述章节的快速参考。本书会大量应用jQuery，因此，附录B会为你提供一个简短的jQuery快速入门教程。附录C将带你一览如何对音频和视频进行编码，以便在HTML5中使用它们。

浏览器兼容性

每章开头都会给出本章所涉及的HTML5特性，每个特性的浏览器支持情况会在括号内以浏览器名称简写码以及所支持最低版本号来表示。简写码的含义为：C代表Chrome、F代表Firefox、S代表Safari、IE代表Internet Explorer、O代表Opera、iOS指带Safari的iOS设备、A指Android浏览器。

本书未涉及的内容

我们在本书里不会讨论IE 8之前的IE版本。微软已经在积极推动用户放弃这些老旧浏览器了。

我们也不会涉及HTML5和CSS3的方方面面。有些内容并没有太大的讨论意义，因为其实现已经改变，或者还不具备实际应用能力。比如，CSS网格布局确实不错[1]，但不值得我们花太多时间投入研究，除非所有浏览器都支持该特性。[2]本书重点为你演示如何使用HTML5和CSS3技术来为最大用户群体增强应用功能。

本书没有涉及HTML和CSS的基础内容，因此，它并非针对完全初学者。本书主要针对已经具备了较多的HTML和CSS知识的Web开发者。如果你才刚刚接触HTML和CSS，可以阅读本书参考文献中列出的Jon Duckett的著作*HTML and CSS: Design and Build Websites*[Duc11]，这本书很好地覆盖了HTML和CSS基础内容。也可以参考Jeffrey Zeldman的著作*Designing with Web Standards*[Zel09]。

本书假设你至少对JavaScript和jQuery[3]有着基本的了解，我们将使用它们来实现很多回退解决方案。附录B提供了一个关于jQuery的简单介绍，内容覆盖了本书使用的jQuery基本方法，你可以考虑阅读Christophe Porteneuve的*Pragmatic Guide to JavaScript*[Por10]一书，将其作为对JavaScript的深入参考，这本书的最后部分描述了非常精彩的JavaScript高级用法，而我相信你会做得更好。

第 2 版的更新内容

本书第2版结合新的技术发展趋势对内容作了全面更新，并删除了特别针对IE 7及之前IE版本的内容。增加了更多关于HTML5可访问性的内容、更稳定且切实可行的回退方案以及9个新实例：

- ❑ 实例2：用\<meter\>元素实现进度条；
- ❑ 实例4：常见问题描述列表；
- ❑ 实例8：不借助JavaScript验证用户输入；

---

[1] http://www.w3.org/TR/css3-grid-layout/

[2] 目前只有IE 10、IE 11支持，http://caniuse.com/#feat=css-grid。——译者注

[3] http://www.jquery.com

- ❏ 实例19：使用SVG绘制矢量图形；
- ❏ 实例22：视频播放的可访问性；
- ❏ 实例16：提升表格的可访问性；
- ❏ 实例26：通过过渡和动画特性移动物体；
- ❏ 实例28：使用IndexedDB将数据存储到客户端数据库中；
- ❏ 实例34：通过拖放来整理内容。

另外，你将在第11章探索CSS3的弹性盒子模型、跨域资源共享、Web Workers、服务器发送事件以及CSS滤镜效果等内容。

除了上述新内容，其他实例内容也已根据需要更新了相应的回退解决方案。同时，你会发现在本书源代码中新增加了一个便利的基于Node.js实现的Web服务器，使用它可以很方便地测试所有跨多浏览器的应用功能。

如何阅读本书

没有必要从头至尾阅读本书。本书已经将内容分解成了便于单独理解与学习的各个实例，每个实例都聚焦于一到两个核心概念。每一章都会涉及一些相关项目。如果你下载了本书源代码①，将看到一个template/文件夹，其中包含了将要用到的通用模板文件，这将会是一个不错的着手点。

如下示例代码的第一行标注了该示例代码文件在本书源代码中的位置：

html5_new_tags/index.html

```
<link rel="stylesheet" href="stylesheets/style.css">
```

如果你阅读的是英文电子版，可以点击该标注来打开整个示例代码文件，以便在上下文中查看代码。这个标注指出了示例代码文件在本书源代码中的位置，但它也许并不总是与你实际操作的文件相匹配。

最后，请跟随本书代码，放心大胆地练习和调整本书提供的完整示例代码。接下来，让我们来详细了解一下运行本书示例代码之前应做何种准备。

准备工作

你需要Firefox 20或更高版本、Chrome 20或更高版本、Opera 10.6或者Safari 6等浏览器来测试本书代码。由于每款浏览器在功能实现上都会有一些差别，因此，你可能还希望在所有浏览器上都测试我们编写的代码。有一台Android或iOS设备在手边会很有帮助，但不是必需的。

---

① http://pragprog.com/titles/bhh52e/

在 IE 浏览器上进行测试工作

你同时也应该考虑到使用IE 8及更高版本来测试网站功能的现实需要，这样才能确保我们创建的回退解决方案运行无误。最简单的方式就是在VirtualBox上安装微软Windows来进行测试。[①]微软在Modern.IE网站上提供了免费的虚拟机，可用于测试Web应用程序，你可以从上面下载现成可用的VirtualBox、Parallels或VMware镜像文件。[②]这些虚拟机软件有30天的免费试用期，30天之后需要重新下载。

Node.js 与示例服务器

测试书中的某些特性时，需要通过一个Web应用服务器来运行HTML和CSS文件。另外，测试其他的一些特性时也需要一个相对复杂的后台应用服务。本书源代码中提供了一个应用服务器，可以满足你的需要。要运行这个服务器，你需要事先按照Node.js网站[③]上的相关说明安装好Node.js，并需要0.10.0或以上版本的Node.js，以避免服务器崩溃。

你还需要用到npm，这是一个命令行工具，用来安装Node打包模块，因此，你可以用它来安装依赖模块。这个工具是Node.js安装文件中的一部分。

一旦安装好了Node.js，就可以访问本书站点并下载示例代码。对压缩文件进行解压，然后通过终端窗口（在Windows平台则是命令行窗口）进入解压后的文件所在位置，并运行以下命令，下载所有的依赖模块（注意不包括$符号）：

```
$ npm install
```

之后输入以上命令，同样不要输入$符号：

```
$ node server
```

我们需要在端口8000上运行应用服务器。在浏览器中加载http://localhost:8000，就可以浏览应用示例了。如果你在虚拟机上进行测试，虚拟机应该使用运行示例服务器的计算机的真实IP地址来连接。最棒的是，与server文件放置在同一文件夹里的文件与文件夹将会通过示例服务器来运行，因此，你可以直接使用本书源代码文件夹的既有组织方式，来跟随本书内容按部就班地进行学习。

使用 JavaScript 和 jQuery 的注意事项

在本书中，我们将大量使用JavaScript。在过去，在页面<head>标签里加载JavaScript文件是

---

① http://virtualbox.org
② http://modern.ie
③ http://nodejs.org

一种很常用的实践方式，之后使用诸如jQuery的`document.ready()`方法来等待DOM（Document Object Model，文档对象模型）准备就绪，以对DOM进行操作。但是现在的推荐做法是在页面底部加载所有的脚本，这样可以获得更好的性能。因此，我们也将这么做，所有的脚本包括jQuery，都将放在页面底部，但是需要在元素加载之前对DOM进行操作的场景除外。

此外，我们将在合适的地方使用jQuery，如果只是打算简单地通过元素ID来查找某个元素，我们将直接使用`document.getElementById()`。但如果需要进行事件处理或者更复杂的DOM操作以在IE8中实现回退方案时，我们会考虑使用jQuery。

换而言之，我们要"根据任务的不同选择合适的工具"。这可能会带来一些矛盾，但当我们开始介绍回退方案以使应用在老式浏览器上正常运行时，这将是一个不错的折中办法。在后面，我会解释为什么要这样做。

在线资源

本书网站提供了连到讨论论坛以及勘误表的链接，并提供了本书所有示例源代码的下载链接。[1]

如果你在阅读过程中发现了错误，请在勘误页面提交勘误项，以便后期修改。本书英文电子版中，在每页的页脚处都提供了一个勘误页面链接，方便你提交勘误信息。

最后，务必访问本书博客Beyond HTML5 and CSS3[2]。我将发布本书相关的内容、更新以及应用示例。

准备好了吗？让我们开始精彩纷呈的HTML5和CSS3之旅吧。

---

[1] http://www.pragprog.com/titles/bhh52e/

[2] http://www.beyondhtml5andcss3.com

目　　录

第二部分 新视角、新声音

第1章

HTML5和CSS3概述

HTML5和CSS3是万维网联盟（W3C）及其工作组提出的两个新标准，但它们的意义远超出了新标准本身，它们将是你每天都会用到的下一代Web新技术，可以帮助你更好地构建现代Web应用。在深入探究HTML5和CSS3之前，我们先来讨论一下这两个标准带来的好处，以及面临的一些挑战。

1.1 强大的 Web 开发平台

HTML5包含了众多新特性，力图打造更好的Web应用开发平台。从更丰富的描述性标签、更好的跨站点以及跨窗口通信到动画和完善的多媒体支持，借助于HTML5，开发者就可以拥有大量新工具，创造出更出色的用户体验。

1.1.1 向后兼容

我们之所以学习HTML5，最主要的原因之一是现今的绝大多数浏览器都支持它。即使在IE 6上，你也可以使用HTML5并慢慢转换旧的标记。你甚至可以通过W3C验证服务来验证HTML5代码的标准化程度（当然，这也是有条件的，因为标准仍在不断演进）。

如果你用过HTML或XML，肯定会知道文档类型（doctype）声明。其用途在于告知验证器和编辑器可以使用哪些标签和属性，以及文档将如何组织。此外，众多Web浏览器会通过它来决定如何渲染页面。一个有效的文档类型常常通知浏览器用"标准模式"来渲染页面。

以下是许多网站使用的相当冗长的 XHTML 1.0 Transitional 文档类型：

```
<!DOCTYPE html PUBLIC "-//W3C//DTD XHTML 1.0 Transitional//EN"
  "http://www.w3.org/TR/xhtml1/DTD/xhtml1-transitional.dtd">
```

相对于这一长串，HTML5的文档类型声明出乎意料地简单。

html5_why/index.html

```
<!DOCTYPE html>
```

把上述代码放在文档开头，就表明在使用HTML5标准。当然，你不能使用目标浏览器尚不支持的新HTML5元素，但你的文档会验证为HTML5文档。

1.1.2　更具描述性的标记

每个版本的HTML都会引入新标记,但从未像HTML5这样增加了这么多与描述内容直接相关的标记。第2章将介绍更多的元素，如定义各级标题、页脚、导航区块、侧边栏以及文章等，同时还将介绍数值计量元素（meter）、进度条以及如何自定义数据属性，了解如何标识数据。

1.1.3　更加简化

在HTML5中，大量的元素得以改进，并有了更明确的默认值。我们已经见识了文档类型的声明是多么简单,除此之外还有许多其他输入方面的简化。例如,以往我们一直这样定义JavaScript的标签：

```
<script language="javascript" type="text/javascript">
```

但在HTML5中，我们希望所有的<script>标签定义的都是JavaScript，因此，你可以放心地省略多余的属性（指language和type）。

如果想要指定文档的字符编码为UTF-8方式，只需按下面的方式使用<meta>标签即可：

```
<meta charset="utf-8">
```

上述代码取代了以往笨拙的、通常靠复制粘贴方式来完成处理的方式：

```
<meta http-equiv="Content-Type" content="text/html; charset=utf-8">
```

1.1.4　用户界面增强

用户界面对于Web应用而言十分重要，以至于我们每时每刻都在想方设法让浏览器呈现出我们期望的效果。过去，为了设计出表或圆角效果，我们不得不借助JavaScript库，或者添加一大堆的额外标记来实现目标样式。HTML5和CSS3让这种处理方式成为过去时。

 小乔爱问：

但是我喜欢XHTML的自动闭合标签，在HTML5里还能这么用吗？

当然可以！看看 Polyglot 标记[1]。与 HTML 相比，许多开发者因 XHTML 对标记的严格要求而更喜欢用它。XHTML 文档强制要求属性带引号、内容标签自动闭合、使用小写属性名称，给互联网带来了一种组织良好的标记表达方式。迁移到 HTML5 并不意味着方式的改

[1]. http://www.w3.org/TR/html-polyglot/

变。HTML5 文档会验证你使用的是 HTML5 风格的语法还是 XHTML 风格的语法。但在你开始之前，先来了解使用自动闭合标签的影响。

因为 IE 无法正确处理 XHTML 页面的 application/xml+xhtml MIME 类型（多用途互联网邮件扩展，Multipurpose Internet Mail Extensions），所以大多数的 Web 服务器以 text/html MIME 类型向浏览器发送 HTML 文档。由于这个原因，浏览器常常会剔除自动闭合标签，因为浏览器并不认为自动闭合标签是合法的 HTML 内容。例如，如果在一个 div 标签上有个自关闭的 script 标签，像这样：

```
<script language="javascript" src="application.js" />
<h2>Help</h2>
```

浏览器将移除自动闭合的斜杠“/”，然后渲染器会认为 h2 标签在 script 标签中，这样就永远不会关闭！这就是为什么 script 标签都要带一个明显的关闭标签的原因，即使自动闭合标签在 XHTML 里是合法的标记，你也要这么做。

如果在 HTML5 文档中使用自动闭合标签，就要注意类似的问题。确保用正确的 MIME 类型向浏览器发送页面。关于这些问题的更多信息请参考：http://www.webdevout.net/articles/beware-of-xhtml#myths。

1.1.5　更好的表单控件

HTML5提供了更多更酷的用户界面控件。长期以来，开发者不得不通过JavaScript和CSS来实现滑动条、日历日期选择器以及颜色选择器等控件。但在HTML5中，就如同下拉菜单、复选框以及单选按钮等控件一样，这些都已被定义为标准控件元素。你将在第3章学习怎样使用它们。虽然并不是所有浏览器都支持这些新控件，但Web应用开发人员应该时刻保持关注。

除了不用依赖JavaScript库就可以方便地提升可用性，还有一个好处就是提升了可访问性。屏幕阅读器和其他浏览器能够以特定的方式实现这些控件，以便更好地为残障人士服务。

1.1.6　可访问性增强

使用新的HTML5元素清晰地描述我们的内容，可以让屏幕阅读器等程序更容易处理这些内容。比如网站导航，通过<nav>而不是<div>或是无序列表来查找会更容易识别。相应地，也可以很方便地重新组织或完全跳过页脚、侧边栏以及其他内容。这样一来，解析页面的难度就会大大降低，从而为依赖辅助技术手段的人们带来更好的用户体验。另外，元素的新属性可以指定元素角色，使得屏幕阅读器更容易处理这些元素。我们将在第5章讲述如何使用新属性，以便屏幕阅读器可以充分利用它们。

1.1.7　更高级的选择器

CSS3的选择器能够帮助你识别出表格里的奇数行和偶数行、所有已勾选的复选框，甚至是段落里的最后一段文字。你可以用更少的代码和标记去完成更多事情。同时，想要对无法编辑的HTML内容进行样式设置就变得轻而易举。在第4章中，我们将了解如何有效地使用这些选择器。

1.1.8　视觉效果

给文本和图片添加阴影可以增加网页的层次感，而添加渐变效果则可以丰富视觉空间感。使用CSS3能够很方便地给元素添加阴影和渐变效果，让你彻底告别依赖背景图片或额外标记的旧有实现方式。另外，CSS3还能够使用变形（transformations）功能来实现圆角、斜切以及旋转等各种效果。我们将在第8章中介绍这些功能。

1.1.9　更少依赖插件的多媒体功能实现

在HTML5中，已不再需要借助Flash、Silverlight等插件技术，就可以实现视频、音频播放以及矢量图浏览等功能了。尽管基于Flash技术实现的视频播放器在使用上相对简单，但它无法在市场占有率巨大的Apple移动设备上使用，因此，我们不得不考虑替代Flash的实现技术。第7章将介绍如何发挥HTML5的音频和视频功能的威力。

1.1.10　应用能力增强

过去，从ActiveX控件到Flash，开发者尝试用各式各样的技术来创建功能更丰富、更具交互性的Web应用。现在，HTML5提供了令人惊叹的特性，让你方便地完成复杂需求，在某些场景下，甚至可以完全不依靠第三方技术。

1.1.11　跨文档通信

Web浏览器不允许跨域脚本间的交互。这个限制使得最终用户免受跨站脚本攻击的威胁，要知道，一直以来跨站脚本经常被用来对毫无戒心的网站访问者进行各种各样的恶意攻击。

可是，这也阻止了所有跨站脚本的交互，即使是我们自己写的脚本并且确信这些代码是安全的情况下也无济于事。HTML5包含了一个既安全又便于实现的变通方案。10.2节中将介绍相关内容。

1.1.12　Web Sockets

HTML5提供了Web Sockets支持，实现浏览器与服务端之间的持久连接，不再需要如旧有方式那般不断轮询服务端以获取最新进度。Web页面可以订阅一个套接字，之后服务端推送通知给用户。我们会在10.3节中介绍它。

1.1.13 客户端存储

众所周知，HTML5是一种Web开发技术，但借助新增的Web Storage和Web SQL Database API（Application Programming Interface，应用程序接口），就可以创建将数据完全保存在客户端的Web应用程序。第9章会涉及这部分内容。

1.2 注定充满挑战的未来之路

HTML5和CSS3的发展之路，注定不会一马平川。

1.2.1 处理老版本的IE

IE仍然有着大量用户，而IE 9之前的版本对HTML5和CSS3的支持很差。IE 10的支持虽然有了极大提升，但尚未得到广泛使用，并且Window Vista及之前的操作系统用户无法使用IE 10。但这些并不是说我们无法使用HTML5和CSS3技术。我们可以考虑让网站在IE下运作起来，但它达不到我们为Chrome和Firefox开发的版本那样的效果。我们只是为IE提供了备选方案，以避免刺激用户以及造成客户的流失。你会在本书中学到大量相关的处理方法。

1.2.2 可访问性

不管是有视觉或听觉障碍的残障用户，还是使用老式浏览器、网速慢，或是使用移动设备的用户，他们与网站交互的需求都必须得到满足。HTML5引入了诸如<audio>、<video>以及<canvas>这样的新元素。视频与音频一直就有可访问性的问题，而<canvas>元素又提出了新的挑战。<canvas>让我们可以在HTML文档里通过JavaScript来创建图像。这对视觉障碍者来说就是个问题，同时对那些约有5%的关闭JavaScript支持的用户群而言，这也是个麻烦。[1]

> **蛋糕和糖霜**
>
> 我喜欢蛋糕。我更喜欢馅饼，但蛋糕确实也很不错。在蛋糕上面抹点糖霜就更美了。
>
> 开发Web应用程序时，要记得所有漂亮的用户界面以及炫酷的JavaScript特效就像蛋糕上点缀着的糖霜。网站没有了这些点缀并不影响功能，就像蛋糕一样，有了它这个基础，才有可能在其之上添加糖霜。
>
> 我遇到过一些并不喜欢糖霜的人，他们特意从蛋糕上剔掉糖霜。我还遇到过有些人因为各种各样的原因一直在使用没有JavaScript支持的Web应用。
>
> 为这些人烘烤一个美味的蛋糕，然后再为那些想要糖霜的人抹上糖霜。

---

[1] http://visualrevenue.com/blog/2007/08/eu-and-us-javascript-disabled-index.html

使用新技术时需要注意可访问性问题，就如前面为IE用户考虑的那样，也应该针对HTML5的新特性，提供合适的备用方案。

1.2.3   废弃的标签

HTML5引入了大量新元素，但同时规范也废弃了相当多的常用元素，这些元素很可能曾经是你Web页面上的"常客"[①]。现在你必须移除它们来迎接新时代。

首先，一些表现元素都废弃了。如果你的代码中还有残留，一定要把它们清除！用语义正确的元素替代它们，并通过CSS来设置其样式。

- basefont
- big
- center
- font
- s
- strike
- tt
- u

其中的一些标签在语义上非常模糊，但仍有大量如Dreamweaver这样的可视化编辑器生成的页面，它们还包含着众多<font>和<center>标记。

此外，HTML5也移除了对框架的支持。框架在PeopleSoft、Microsoft Outlook Web Access以及自定义门户等企业Web应用中颇受欢迎。尽管应用如此广泛，但框架引发了太多的可用性以及可访问性方面的问题，以至不得不剔除它。也就是说，HTML5中的以下元素已废弃。

- frame
- frameset
- noframes

在HTML5中，应该用CSS替代框架来设置界面布局。如果使用框架是为了确保应用的各个页面会呈现一样的页眉、页脚以及导航条，那么借助Web开发框架里的一些工具也能完成同样的工作。比如，你可以试着用搜索引擎搜索一下position:fixed CSS属性。

同时，以下元素已被废弃并有了更好的替代者。

- abbr取代了acronym
- object取代了applet

[①] http://www.w3.org/TR/html5-diff/

❑ ul取代了dir

此外，很多属性也已失效。其中包括下述表现属性。

❑ align
❑ body标签上的link、vlink、alink以及text属性
❑ bgcolor
❑ height和width
❑ iframe标签的scrolling属性
❑ valign
❑ hspace和vspace
❑ table标签的cellpadding、cellspacing以及border属性

大量WordPress模版中使用的<head>标签的profile属性，在HTML5中也已废弃。

最后，<img>和<iframe>标签的longdesc属性也被废弃了，这让可访问性倡导者很失望，因为longdesc属性是为屏幕阅读器用户提供附加描述信息的通用方式。

如果计划在已有的网站中使用HTML5技术，就应该找到上述的元素，移除或用更具语义性的元素替代它们。还请确保所有的页面都经过W3C验证服务①的验证，这能够帮助你定位到废弃的标签和属性。

1.2.4　市场利益的激烈竞争

IE并不是唯一一个对HTML5和CSS3反应迟钝的浏览器。Google、Apple以及Mozilla基金会也都有各自的计划和安排。同样地，他们都在激烈争夺标准发展的话语权。他们争论着视频和音频编解码器的支持标准，并在自家浏览器版本中引入自己的标准。比如，Safari可以通过<audio>标签播放MP3，但不支持ogg文件格式；而Firefox则支持ogg文件，却不支持MP3文件。

所有的这些分歧终将得以解决。在标准统一之前，可以对我们的实现思路做出合理的选择，要么限制用户的浏览器选择，要么针对各个主流浏览器分别提供解决方案。这件事并没有听起来那么可怕。第7章将对此做进一步介绍。

1.2.5　HTML5和CSS3的标准仍在不断发展中

HTML5和CSS3的规范仍未定稿，这就意味着现有规范中的条款都有可能调整。即使Firefox、Chrome以及 Safari已经对HTML5实现了强大的支持，只要规范一变，浏览器也必须做出相应调整，这种情况下就会对网站造成不利影响，甚至无法正常运行。比如，在过去几年中，CSS3中

---

① http://validator.w3.org/

的box-shadow属性先是被规范删除，而后又加了上去。此外，Web Sockets协议也被修改过，完全
打破了以往客户端与服务端间的通信模式。

　　如果能够紧跟HTML5和CSS3标准的进展，并保持最新的状态，你将总是领先一步。有关
HTML5规范可参考：http://www.w3.org/TR/html5/。CSS3被分为几个模块，可从这里获悉其最新
进展：http://www.w3.org/Style/CSS/current-work。

　　一旦某项HTML5和CSS3功能无法在目标浏览器里正常运行，就可以考虑使用JavaScript和
Flash来实现这项功能。应该构建适合所有用户的可靠的解决方案，随着时间的推移，你将能够在
不改变既有实现的情况下，移除JavaScript和其他备选方案。

　　与其展望未来，不如现在就开始我们的HTML5之旅。在下一章中，一大批的新式结构化标
签在等着你去探究。

Part 1

第一部分

用户界面增强

本书前面几个章节将探讨如何利用 HTML5 和 CSS3 来提升呈现给用户的界面效果。我们将讨论如何创建更酷的表单、可轻松设置样式的表格，以及如何为辅助工具增强页面可访问性。另外，还将介绍如何通过内容生成来改进打印样式表的可用性，并使用新的 contenteditable 属性实现就地编辑功能。

第 2 章

新的结构化标签和属性

先说一个普遍影响当今Web开发者的严重问题——div依赖症。这一积习使得Web开发者过度使用<div>标签以及诸如banner、sidebar、article、footer等id属性来包装元素。同时，这种开发方式的传染性也很强，在Web开发者中迅速传播开来。由于<div>标签是不可见的，所以轻微的依赖几年间都可能察觉不到。

以下是典型的"div依赖症"代码：

```
<div id="page">
  <div id="navbar_wrapper">
    <div id="navbar">
      <ul>
        <li><a href="/">Home</a></li>
        <li><a href="/products">Products</a></li>
        ...
      </ul>
    </div>
  </div>
</div>
```

这段代码中有一个无序列表，它是个块级（block）元素，被两个同为块级元素的<div>标签包围。块级元素独占一行，而行内（inline）元素并不要求换行，所以这个<div>标签并没有任何特定的语义含义。无序列表外围两个<div>标签的id属性告诉我们<div>标签各自的用途，但实际上，至少可以移除其中的一个<div>标签而不会带来任何影响。过度使用标记会让代码膨胀，并且很难给网页设置样式，网页维护起来也比较困难。

不过，还是有希望的！HTML5规范引入了新的用于描述内容的语义标签，为组织页面中的标签提供了解决方案。由于太多的开发者需要处理侧边栏（sidebar）、文档页眉（header）、页脚（footer）以及区块（section），因此，HTML5规范引入了新的专用标签，用于将页面划分成不同的逻辑区域。

除了以上这些新的结构化标签，本章还会讨论一些其他的标签，比如<meter>和<progress>标签，并讨论如何使用HTML5中新的自定义属性在元素里嵌入数据，这种全新的方式取代了以往常用的使用类或已有属性的方式。总之，本章将介绍如何用正确的标签做正确的事情。有了

HTML5，就可以在你的职业生涯里消灭div依赖症。

以下列出了本章探讨的新元素及新特性。

- □ <header>：定义页面或区块的页眉区域（C 5、F 3.6、S 4、IE 8、O 10）。
- □ <footer>：定义页面或区块的页脚（C 5、F 3.6、S 4、IE 8、O 10）。
- □ <nav>：定义页面或区块的导航条（C 5、F 3.6、S 4、IE 8、O 10）。
- □ <section>：区块，定义页面或内容分组的逻辑区域（C 5、F 3.6、S 4、IE 8、O 10）。
- □ <article>：定义文章或完整的一块内容（C 5、F 3.6、S 4、IE 8、O 10）。
- □ <aside>：定义次要或相关性内容（C 5、F 3.6、S 4、IE 8、O 10）。
- □ 定义列表（Description lists）：定义名字与对应值，如定义项与描述内容（所有浏览器）。
- □ <meter>：描述一个数量范围（C 8、F 16、S 6、O 11）。
- □ <progress>：通过设置进度条，显示实时进度情况（C 8、F 6、S 6、IE 10、O 11）。
- □ 自定义数据属性：通过data-模式，允许给元素添加自定义属性（所有的浏览器都支持通过JavaScript的getAttribute()方法读取这些自定义属性）。

2.1 实例 1：用语义标记重新定义博客

语义标记全部都是用来描述内容的。如果你开发Web页面有些年头了，大概都懂得把页面划分为如头部、页脚以及侧边栏等几个区域的好处吧？这样，在你应用CSS或其他设置时，就可以更便捷地识别出页面区域。

语义标记能够帮助机器和人类更容易地理解内容的含义及上下文环境。新的HTML5标签，如<section>、<header>以及<nav>，都能够帮助你达成这一目的。

一个需要结构化标记的内容场景就是博客，其中会涉及头部、页脚、多种类型的导航区（归档、友情链接以及内部链接等），当然，还有文章或帖子。先来用HTML5标记对AwesomeCo（一家很了不起的公司）的博客首页做个模型。

当所有的工作完成，我们的成果如图2-1所示。

要找到如何实现博客的思路，就请先来观察图2-2。我们将创建一个很典型的博客结构。可以看到，头部区域的下方是水平导航区。在主区块里，每篇文章都有一个头部和一个页脚。文章也可能有一个醒目的引述或旁白。还有一个侧边栏，其包含了附加的导航元素。最后，页面有一个摆放联系方式以及版权信息的页脚。这一次，除了没用上大量的<div>标签，跟以往相比并没什么新的东西，接下来将用特定的标签描述这些区域。

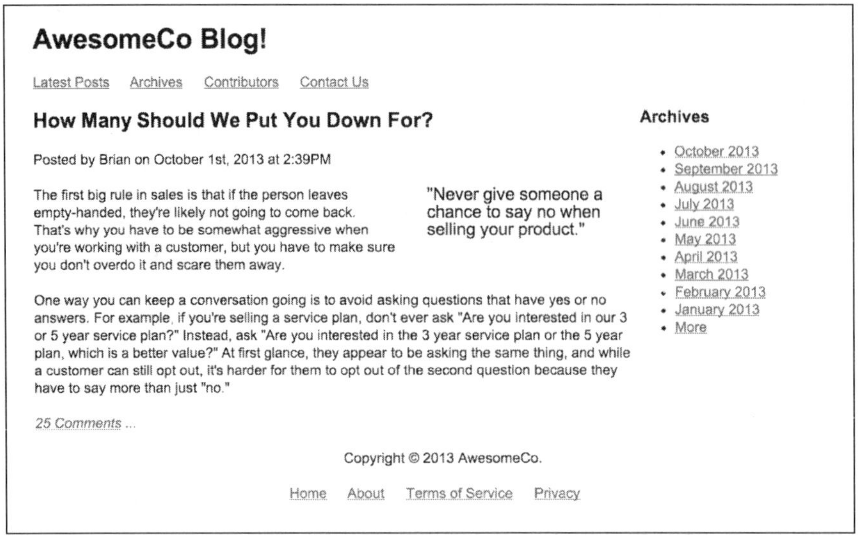
AwesomeCo Blog!
Latest Posts
Archives
Contributors
Contact Us
How Many Should We Put You Down For?
Posted by Brian on October 1st, 2013 at 2:39PM
The first big rule in sales is that if the person leaves empty-handed, they're likely not going to come back. That's why you have to be somewhat aggressive when you're working with a customer, but you have to make sure you don't overdo it and scare them away.
"Never give someone a chance to say no when selling your product."
One way you can keep a conversation going is to avoid asking questions that have yes or no answers. For example, if you're selling a service plan, don't ever ask "Are you interested in our 3 or 5 year service plan?" Instead, ask "Are you interested in the 3 year service plan or the 5 year plan, which is a better value?" At first glance, they appear to be asking the same thing, and while a customer can still opt out, it's harder for them to opt out of the second question because they have to say more than just "no."
25 Comments ...
Archives
October 2013
September 2013
August 2013
July 2013
June 2013
May 2013
April 2013
March 2013
February 2013
January 2013
More
Copyright © 2013 AwesomeCo.
Home
About
Terms of Service
Privacy

图2-1　完成后的布局

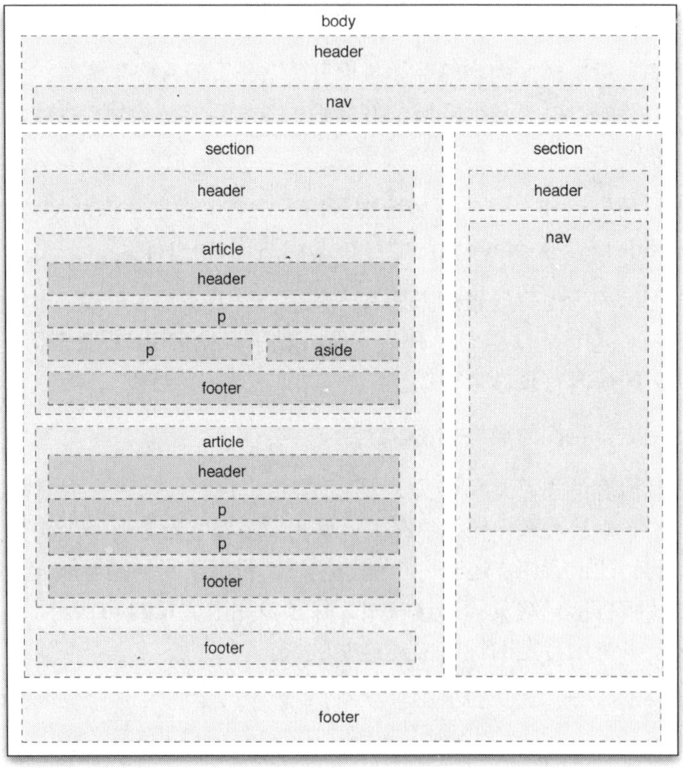
body
header
nav
section
header
article
header
p
p
aside
footer
article
header
p
p
footer
footer
section
header
nav
footer

图2-2　用HTML5语义标签标识的博客结构

2.1.1　一切皆始于正确的文档类型

要使用HTML5新元素，也就意味着首先需要让浏览器和验证器理解我们使用的标签。创建一个新页面index.html，并在其中添加以下基本的HTML5模版代码：

html5_new_tags/index.html
```
Line 1  <!DOCTYPE html>
     2  <html lang="en-US">
     3    <head>
     4      <meta charset="utf-8">
     5      <title>AwesomeCo Blog</title>
     6    </head>
     7
     8    <body>
     9    </body>
    10  </html>
```

看一下例子中第一行的文档类型。HTML5文档类型只需如此简单的一行声明即可。如果你以往做过网页开发，应该会对冗长且难记的XHTML文档类型记忆犹新。

```
<!DOCTYPE html PUBLIC "-//W3C//DTD XHTML 1.0 Transitional//EN"
  "http://www.w3.org/TR/xhtml1/DTD/xhtml1-transitional.dtd">
```

现在的HTML5文档类型声明只需一行：

```
<!DOCTYPE html>
```

它更简单，也更容易记住。

声明文档类型的目的是双重的。首先，当验证HTML代码时，它能够帮助验证器决定使用哪种HTML验证规则。其次，文档类型强制要求IE 6、7和8版本进入“标准模式”，这在创建跨浏览器支持的页面时极其重要。HTML5文档类型满足了这两点要求。

注意第四行的<meta>标签。其指定了页面的字符编码。如果打算使用Unicode字符，就需要采用如第四行<meta>标签声明的方式，在前面部分、所有的文本内容行之前声明它。

基本的HTML5模版代码完成后，就可以着手创建博客了。

2.1.2　页眉标签

与文档标题（heading，诸如<h1>、<h2>、<h3>等标签）不同，页眉（header）可以包含各式各样的内容，比如公司商标、搜索框，等等。我们的博客页眉现在只包含了博客标题。

html5_new_tags/index.html
```
Line 1  <header id="page_header">
     2    <h1>AwesomeCo Blog!</h1>
     3  </header>
```

一个页面中并不限制<header>标签的数量。每个<section>标签或<article>标签，都可以包含自己的<header>标签，因此，类似第1行那样的做法，以ID属性唯一识别标签是个不错的方式。一个唯一的ID也使得给标签添加CSS样式以及用JavaScript定位标签等操作都变得简单起来。

2.1.3   页脚标签

<footer>标签定义文档或相邻区块的页脚信息。你见过的页脚，通常都包含了诸如版权日期以及版权所有等信息，而在页脚包含复杂的导航结构也是常见的做法。规范里指出可以在文档中包含多个<footer>标签，因此，这也意味着我们可以在博客文章里包含<footer>标签。

现在，来给页面定义一个简单的页脚。由于存在多个页脚，我们会给每个<footer>标签设置一个ID属性，正如在<header>标签里所做的那样。在打算为某个<footer>标签及其子元素添加样式时，ID属性有助于唯一识别该<footer>标签。

```
html5_new_tags/index.html
<footer id="page_footer">
  <p>Copyright © 2013 AwesomeCo.</p>
</footer>
```

这个<footer>标签只是简单地包含了一个版权日期。但是，就像页眉一样，页脚也常常包含其他元素，甚至是导航元素。

2.1.4   导航标签

导航设计对于一个成功的网站来说是至关重要的。如果用户无法快速找到它们所需的内容，就可能对这个网站兴味索然。因此，专门提供一个导航标签是很有意义的。

我们在文档头部添加一个导航区块。在里面添加博客首页、归档博客、贡献者页面以及联系页面的链接。

页面可以有多个导航标签。通常，开发者会在头部或页脚位置添加导航，因此，现在就可以明确我们在导航方面的考虑。在博客的页脚区域，添加AwesomeCo公司首页、"关于我们"页面、服务条款以及隐私策略等页面的链接，并以无序列表的方式添加这些元素到<footer>标签中。

```
html5_new_tags/index.html
<footer id="page_footer">
  <p>Copyright © 2013 AwesomeCo.</p>
  <nav>
    <ul>
      <li><a href="#">Home</a></li>
      <li><a href="#">About</a></li>
      <li><a href="#">Terms of Service</a></li>
      <li><a href="#">Privacy</a></li>
```

```
      </ul>
    </nav>
  </footer>
```

我们将使用CSS来改变这两个导航条的样式，所以不用担心它们的外观。这些新元素的作用只是描述内容，并不描述内容长成什么样子，那是CSS所做的事情。还是继续关注标记本身吧。

2.1.5 区块和文章

区块在页面中用于标识逻辑区域。现在，务必舍弃以往滥用<div>标签来描述页面逻辑区域划分的做法，用<section>标签来取代<div>标签。

html5_new_tags/index.html
```
<section id="posts">
</section>
```

然而，千万别以为使用了标签就能一劳永逸。一般情况下，<section>标签用于对内容进行逻辑分组。我们创建了一个<section>标签，用于标识所有的博客文章。但每篇文章并不应该都用<section>标签，因为还有个更适合它们的标签。

标签

<article>标签非常适合用来描述Web页面里的实际内容。页面上有如此多的元素存在：页眉、页脚、导航元素、广告条、小部件以及社交媒体分享按钮等元素，以至于很容易忘记用户访问网站的原因在于对我们所提供的内容感兴趣。<article>标签就可以用来帮助你描述内容。

那么，<article>标签与<section>标签究竟有何不同呢？<section>标签表示文档中相关内容的逻辑划分。而<article>标签代表实际的内容，如杂志文章、博客文章以及新闻条目等。而且，你还可以用<article>标签表示一篇文章中某些内容的组合；这些内容可以独立存在。

把这两个元素搭配在一起，<section>标签就像一份报纸中的体育版块。体育版块有许多篇文章，每一篇文章既能保持其独立性，又能再次被拆分成几部分。

Web页面某些逻辑区域的划分，如：页眉、页脚，已经有了合适的标签来标识它们。而<section>标签则通常用于对内容进行逻辑分组。

每篇博客文章都有一个<header>标签、具体内容以及一个<footer>标签。要定义一篇完整的文章，如以下代码所示：

html5_new_tags/index.html
```
<article class="post">
  <header>
    <h2>How Many Should We Put You Down For?</h2>
    <p>Posted by Brian on
      <time datetime="2013-10-01T14:39">October 1st, 2013 at 2:39PM</time>
```

```
    </p>
  </header>
  <p>
    The first big rule in sales is that if the person leaves empty-handed,
    they're likely not going to come back. That's why you have to be
    somewhat aggressive when you're working with a customer, but you have
    to make sure you don't overdo it and scare them away.
  </p>
  <p>
    One way you can keep a conversation going is to avoid asking questions
    that have yes or no answers. For example, if you're selling a service
    plan, don't ever ask &ldquo;Are you interested in our 3 or 5 year
    service plan?&rdquo; Instead, ask &ldquo;Are you interested in the 3
    year service plan or the 5 year plan, which is a better value?&rdquo;
    At first glance, they appear to be asking the same thing, and while
    a customer can still opt out, it's harder for them to opt out of
    the second question because they have to say more than just
    &ldquo;no.&rdquo;
  </p>
  <footer>
    <p><a href="comments"><i>25 Comments</i></a> ...</p>
  </footer>
</article>
```

可以在文章内部使用<header>标签和<footer>标签，这样的方式使得描述特定逻辑划分变得更容易。也可以使用<section>标签把文章拆分成几部分。

2.1.6　旁白与侧边栏

有时候，你需要为主要内容添加一些额外的辅助信息，比如引文、图表、其他想法或相关链接等。可以使用新的<aside>标签来标识这些元素。

html5_new_tags/index.html

```
<aside>
  <p>
    &ldquo;Never give someone a chance to say no when
    selling your product.&rdquo;
  </p>
</aside>
```

上述代码在<aside>元素里放置了一对标注引号。<aside>标签嵌套在<article>标签中，使其接近相关内容。

完成后的区块连同旁白如下所示。

html5_new_tags/index.html

```
<section id="posts">
  <article class="post">
```

```
<header>
  <h2>How Many Should We Put You Down For?</h2>
  <p>Posted by Brian on
    <time datetime="2013-10-01T14:39">October 1st, 2013 at 2:39PM</time>
  </p>
</header>
<aside>
  <p>
    &ldquo;Never give someone a chance to say no when
    selling your product.&rdquo;
  </p>
</aside>
<p>
  The first big rule in sales is that if the person leaves empty-handed,
  they're likely not going to come back. That's why you have to be
  somewhat aggressive when you're working with a customer, but you have
  to make sure you don't overdo it and scare them away.
</p>
<p>
  One way you can keep a conversation going is to avoid asking questions
  that have yes or no answers. For example, if you're selling a service
  plan, don't ever ask &ldquo;Are you interested in our 3 or 5 year
  service plan?&rdquo; Instead, ask &ldquo;Are you interested in the 3
  year service plan or the 5 year plan, which is a better value?&rdquo;
  At first glance, they appear to be asking the same thing, and while
  a customer can still opt out, it's harder for them to opt out of
  the second question because they have to say more than just
  &ldquo;no.&rdquo;
</p>
<footer>
  <p><a href="comments"><i>25 Comments</i></a> ...</p>
</footer>
  </article>
</section>
```

现在准备添加侧边栏区块。

博客的右边有一个侧边栏，其中包含了博客的归档链接。如果你认为可以使用<aside>标签定义博客的侧边栏，那么请再仔细考虑一下。你可以这么做，但这却违背了规范的定义。<aside>标签用于展示文章相关的附加内容，它是放置有关链接、术语表或者引文的最佳场所。

为了标记出包含归档列表的侧边栏，我们需要一个<section>标签以及一个<nav>标签。

html5_new_tags/index.html

```
<section id="sidebar">

  <nav>
    <h3>Archives</h3>
```

```
<ul>
  <li><a href="2013/10">October 2013</a></li>
  <li><a href="2013/09">September 2013</a></li>
  <li><a href="2013/08">August 2013</a></li>
  <li><a href="2013/07">July 2013</a></li>
  <li><a href="2013/06">June 2013</a></li>
  <li><a href="2013/05">May 2013</a></li>
  <li><a href="2013/04">April 2013</a></li>
  <li><a href="2013/03">March 2013</a></li>
  <li><a href="2013/02">February 2013</a></li>
  <li><a href="2013/01">January 2013</a></li>
  <li><a href="all">More</a></li>
</ul>

</nav>

</section>
```

这段代码里,侧边栏中的链接是个二级导航。并非每一个链接组都需要用<nav>标签包起来;这里专门为导航区预留这些元素。

以上就是博客的结构。接下来把视线转到布局上来。

2.1.7　为博客设置样式

就如以前为<div>标签设置样式一样,我们来为这些新元素设置样式。首先,创建新的样式表文件stylesheets/style.css,在<header>标签里设置该样式表链接,以便给页面添加该样式表文件。代码如下所示:

html5_new_tags/index.html

```
<link rel="stylesheet" href="stylesheets/style.css">
```

设置页面内容居中显示,并设置基本字体样式。

html5_new_tags/stylesheets/style.css

```
body{
  margin: 15px auto;
  font-family: Arial, "MS Trebuchet", sans-serif;
  width: 960px;
}

p{ margin: 0 0 20px 0;}

p, li{ line-height: 20px; }
```

接下来设置<header>标签宽度。

html5_new_tags/stylesheets/style.css

```css
#page_header{ width: 100%; }
```

设置主要导航区链接的样式。通过浮动各列表项，让各项落在一条水平线上，转换项目列表为水平导航条：

html5_new_tags/stylesheets/style.css

```css
#page_header > nav > ul, #page_footer > nav > ul{
  list-style: none;
  margin: 0;
  padding: 0;
}

#page_header > nav > ul > li, #page_footer nav > ul > li{
  margin: 0 20px 0 0;
  padding: 0;
  display: inline;
}
```

我们为每个<li>标签设置了右外边距，以便在菜单项之间插入水平间距。这里使用了外边距（margin）设置的简写规则，依次为：顶端（top）、右边（right）、底部（bottom）以及左边（left）。把这个顺序想象成一个模拟时钟：12点在顶部、3点在右边、6点在底部、9点在左边。

接下来，对主要内容部分设置样式，以创建一个很大的内容栏以及一个较小的侧边栏。文章所属的区段（<section>标签）需要浮动到左边并为其设置好宽度，还需要浮动文章内部的标注引号。同时，增大标注引号的字号。

html5_new_tags/stylesheets/style.css

```css
#posts{
  float: left;
  width: 74%;
}
#posts aside{
  float: right;
  font-size: 20px;
  line-height: 40px;
  margin-left: 5%;
  width: 35%;
}
```

之后，浮动侧边栏（<sidebar>标签）并设置其宽度：

html5_new_tags/stylesheets/style.css

```css
#sidebar{
  float: left;
  width: 25%;
}
```

最后，清除页脚（<footer>标签）的浮动，以便其落在页面底部。记住无论何时浮动了元素，该元素就会被清除出普通的文档流。清除元素的浮动，即通知浏览器不要浮动该元素了。[①]

```
html5_new_tags/stylesheets/style.css
#page_footer{
  clear: both;
  display: block;
  text-align: center;
  width: 100%;
}
```

以上就是基本的样式设置，通过这些样式的应用，博客肯定会变得好看多了。

2.1.8 回退方案

虽然上面的代码在IE 9、Firefox、Chinese、Opera以及Safari等浏览器中都能工作得很好，但如果那些使用IE 8的用户在浏览页面时发现情况一团糟，估计他们不会太愉快。内容显示没有问题，但由于IE 8不理解HTML5引进的新元素，所以无法为它们应用样式，页面效果看起来就像二十世纪九十年代中期制作的页面一样。

要让IE 8及更早的浏览器也能为这些新元素应用样式的唯一办法就是使用JavaScript定义这些新元素，并作为文档的一部分。其实这也非常容易。在页面的标签里添加JavaScript代码，并在浏览器渲染元素之前执行这些代码。我们把这些代码放在一个条件注释里——一种只有IE浏览器才能够识别的特定注释类型。

```
html5_new_tags/index.html
<!--[if lte IE 8]>
<script>
  document.createElement("nav");
  document.createElement("header");
  document.createElement("footer");
  document.createElement("section");
  document.createElement("aside");
  document.createElement("article");
</script>
<![endif]-->
```

这个特有的注释针对所有版本低于9.0的IE浏览器。这时如果在IE 8里重新加载页面，显示就变正常了。 不过，这种方式创建了一个依赖JavaScript的解决方案，你应该考虑到这一点。文档的组织及可读性的提升使得这种方案值得一试，另外,因为内容仍会显示并可为屏幕阅读器读取，这种方案也就没有可访问性方面的担忧。这个方案的唯一问题就是针对那些刻意禁用JavaScript

---

[①] https://developer.mozilla.org/en-US/docs/Web/CSS/clear

的用户来说，页面看起来过时已久。

对于只为少量元素添加支持或理解如何添加支持的情况来说，这种方式不失为一个个合适的解决方案。如果你想为更多的元素提供支持，Remy Sharp开发的出色的html5shiv JavaScript代码文件则是更完备、也更适合回退支持的方案 。[①]

2.2 实例 2：用<meter>元素实现进度条

AwesomeCo公司这几个月正在举办一个慈善捐赠活动，希望能够从社会募捐到5000美元。这是一家令人尊敬的公司，如果人们确保能够给予足够的支持以达到既定5000美元的目标，它就决定额外再捐赠5000美元。AwesomeCo公司希望在网站某个页面中显示一个捐赠进度条。当我们完成进度条功能，页面效果如图2-3所示。

图2-3　显示募捐进展的进度条

虽然可以用<div>标签加上一些CSS样式来实现进度条，但现在可以使用HTML5中新的<meter>标签达成同样的目标，<meter>标签就是为进度控制而专门设计的。

<meter>标签在语义上描述一个实际的数值计量。为了与规范要求达成一致，<meter>标签不应该用于没有固定最小或最大值的场景，比如身高和体重。但是，你可以在温度计量中使用<meter>标签，只要类似体温计那样，设置有最低值和最高值即可。

在这个例子中，我们希望显示离5000美元的目标还有多少差距。这种场景需设置最小值和最大值，因此，<meter>标签非常符合我们的要求。

我们通过创建一个新的HTML5文档来快速实现一个原型。同时，编写以下代码实现数值计量元素，在这里，为了便于描述该元素现在是如何运作的，硬编码募捐到的当前金额为2500美元。

```
html5_meter/index.html
<h3>Our Fundraising Goal</h3>
<meter title="USD" id="pledge_goal"
       value="2500.00" min="0" max="5000.00">
</meter>
<p>Help us reach our goal of $5000!</p>
```

---

① https://developer.mozilla.org/en-US/docs/Web/CSS/clear

可以通过CSS来控制元素的宽度，创建新的CSS文件stylesheets/style.css，并添加以下代码：

html5_meter/stylesheets/style.css

```
meter{
  width: 280px;
}
```

别忘记在HTML页面的区域添加CSS文件的链接：

html5_meter/index.html

```
<link rel="stylesheet" href="stylesheets/style.css">
```

打开浏览器，可以看到一个非常精巧的<meter>标签。但并非所有浏览器都支持<meter>标签，因此，还得考虑合适的回退方案。

2.2.1   回退方案

并不是所有浏览器都支持<meter>标签。但我们可以使用jQuery以及<meter>标签里的信息来构造我们自己的<meter>标签，以得到所有浏览器的支持。为此，创建一个javascripts/fallback.js新文件，里面存放JavaScript逻辑处理代码。同时，在页面底部加载jQuery以及这个新文件。

第一步，检测浏览器是否支持<meter>标签，创建一个<meter>标签并检测其max属性，判定能否检测出该属性。如果检测不出，则说明浏览器不支持<meter>标签。声明一个名为noMeterSupport()的函数处理这件事：

html5_meter/javascripts/fallback.js

```
var noMeterSupport = function(){
  return(document.createElement('meter').max === undefined);
}
```

之后，如果浏览器不支持<meter>标签，则使用jQuery获取<meter>标签的值，并构造一个我们自己的<meter>标签。

所构造的<meter>标签将由以下部分组成：一个表示计量总长度的外框（称为fakeMeter），我们称为一个内框（称为fill），以及一个用来呈现美元总额文本标签。同样，后续也将为这些元素添加样式。一旦准备好了这些新元素，就用我们自己构造的元素替代<meter>标签。

html5_meter/javascripts/fallback.js

```
Line 1  if (noMeterSupport()) {
        var fakeMeter, fill, label, labelText, max, meter, value;
        meter = $("#pledge_goal");
        value = meter.attr("value");
     5  max = meter.attr("max");
        labelText = "$" + meter.val();
```

```
       fakeMeter = $("<div></div>");
       fakeMeter.addClass("meter");
10     label = $("<span>" + labelText + "</span>");
       label.addClass("label");

       fill = $("<div></div>");
       fill.addClass("fill");
15     fill.css("width",(value / max * 100) + "%");
       fill.append("<div style='clear:both;'><br></div>");
       fakeMeter.append(fill);
       fakeMeter.append(label);
       meter.replaceWith(fakeMeter);
20 }
```

如果这段代码让你感到困惑，请参考附录B，快速浏览jQuery的基本知识。

完成了JavaScript代码，接下来设置所构造的<meter>标签的样式。

html5_meter/stylesheets/style.css

```
.meter{
  border: 1px solid #000;
  display: block;
  position: relative;
  width: 280px;
}
```

我们设置了border和width，并设置position为relative，以便定位该元素（即fakeMeter外框）内部的文本标签。接下来，定义fill内框的效果为渐变填充（gradient fill），如下所示：

html5_meter/stylesheets/style.css

```
.fill{
  background-color: #693;
  background-image: -webkit-gradient(
      linear,
      left bottom,
      left top,
      color-stop(0.37, rgb(14,242,30)),
      color-stop(0.69, rgb(41,255,57))
  );

  background-image: -moz-linear-gradient(
      center bottom,
      rgb(14,242,30) 37%,
      rgb(41,255,57) 69%
  );
}
```

渐变语法有些许复杂，我们会在第8章详细讨论它。一旦设置了fill内框的样式，接下来就需要在进度条里放置表示美元总额的文本标签。

html5_meter/stylesheets/style.css

```
.label{
  position: absolute;
  right: 0;
  top: 0;
  z-index: 1000;
}
```

在进度条里绝对定位文本标签。这个文本标签位于fill内框的上层。完成后，所构造的<meter>标签如图2-4所示。

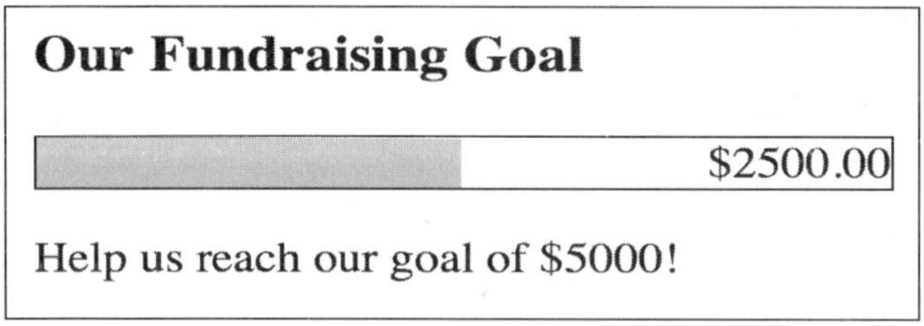

Our Fundraising Goal

$2500.00

Help us reach our goal of $5000!

图2-4　我们自己构造的<meter>标签

禁用JavaScript的用户仍能看到<meter>元素开、闭标签之间的内容，也就是说我们要留心在开、闭标签之间应该放些什么内容。

2.2.2　进度条标签

如果想在Web应用程序中实现一个上传文件进度条，你就应该研究一下HTML5引入的<progress>标签。

<progress>标签类似于<meter>标签，但它用来呈现动态进度，正如你在上传文件时看到的那样（并非静态的度量，更像是针对给定用户，其上传文件时在服务器端的当前有效存储进度）。总体而言，<progress>标签和<meter>标签还是非常相似的。

html5_meter/progress.html

```
<progress id="progressbar" min="0" max="100" value="0"></progress>
```

如同<meter>标签，<progress>标签也无法得到所有浏览器的支持。为了让所有浏览器都支持，同样需要通过JavaScript获取<progress>标签的值，并构建自己的可视化样式。你也可以使用Lea Verou开发的HTML5 polyfill。[①]

———————————
① http://lea.verou.me/polyfills/progress/

2.3 实例 3：用自定义数据属性构造弹出窗体

如果你开发过使用JavaScript获取文档信息的Web应用程序，你就知道有时候需要用点小技巧及解析方式来完成这项工作。向事件处理程序传入附加信息或滥用rel、class属性以注入行为等手段，现在可以完全抛弃了！这一切都应该归功于HTML5新引入的自定义数据属性。

自定义数据属性全部以data-前缀打头，并为HTML5文档的验证器所忽略。可以为任何需要的元素附加上自定义数据属性，无论它是图片的元数据、经纬度坐标，还是本节将要介绍的弹出窗体尺寸。最重要的是，由于JavaScript能够轻松获取自定义数据属性，因此，你几乎可以在每一个浏览器中都使用自定义数据属性。

2.3.1 行为与内容分离，以及onclick()的问题

多年以来，弹出窗体一直背负着一个坏名声，这是必然的。它们常常弹出一个广告，迷惑毫无戒心的浏览用户安装间谍软件或病毒，更糟糕的是，泄露个人隐私信息并被转售。难怪大多数的浏览用户选择屏蔽弹出窗体。然而，弹出窗体并非总是坏事。Web应用开发者经常依靠弹出窗体显示在线帮助、附件选项或其他重要的用户界面特性。为了减少弹出窗体的干扰，我们需要采取低调的方式实现它们。观察一下AwesomeCo公司的人力资源页面，你会看到用来打开弹出窗体以显示策略的几个链接。大多数实现代码都类似这样的形式：

```
html5_popups_with_custom_data/original_example_1.html
<a href='#'
  onclick="window.open('help/holiday_pay.html',WinName,'width=300,height=300');">
  Holiday pay
</a>
```

这是创建打开弹出窗体链接时相当常用的一种方式。实际上，这是JavaScript开发新手在创建弹出窗体时，通常需要掌握的。在继续学习之前，我们先来解决这种方式所引发的几个问题。

2.3.2 增强可访问性

首先需要关注的问题是，指定目标URL的href属性并未设置！如果浏览器禁用JavaScript，那么上述方式就会造成JavaScript代码中的链接无法转向到目标页面。这个大问题需要马上解决。记住，在任何情况下都不要省略href属性，也不要如上述方式那样设定href属性值。应该把通常弹出页面用的链接地址赋给href属性。

```
html5_popups_with_custom_data/original_example_2.html
<a href='help/holiday_pay.html'
  onclick="window.open(this.href,WinName,'width=300,height=300');">
  Holiday pay
</a>
```

上述代码设置了href属性，接下来，JavaScript代码可以读取<a>元素的href属性，并设置目标链接。

要创建可访问性良好的页面，首先要确保所有的功能在禁用JavaScript的情况下也能良好运作。在此基础上再写JavaScript交互代码就会更加容易。

2.3.3　不用onclick()

确保行为与内容分离，就像确保描述内容与样式设置分离那样。一开始使用onclick()很容易，但假设一个页面里有50个链接，onclick()方法就会失控。首先，你不得不一遍又一遍地重复相似的JavaScript代码。

如果采用服务器端代码生成JavaScript代码的方式，就可能导致HTML文件体积比所需要的要大得多。

一个替代方案是，我们可以给页面中的每个锚点分配一个class属性，以标识这是一个链接。

html5_popups_with_custom_data/original_example_3.html
```
<a href="help/holiday_pay.html" class="popup">Holiday Pay</a>
```

为了在各个浏览器中都能够顺利地执行事件处理代码，这里将借助jQuery。在页面底部、</body>闭标签之前，添加jQuery库的引用。

html5_popups_with_custom_data/original_example_3.html
```
<script
  src='http://ajax.googleapis.com/ajax/libs/jquery/1.9.1/jquery.min.js'>
</script>
```

在上述代码的下面，添加一个新的<script>标签，并在其中输入以下代码：

html5_popups_with_custom_data/original_example_3.html
```
$("a.popup").click(function(event){
  event.preventDefault();
  window.open(this.getAttribute('href'));
});
```

上述代码使用了一个jQuery选择器获取所有class属性为popup的元素，然后给每个元素的点击事件添加一个监听器。

一旦点击了链接，将执行传入click()的函数。preventDefault方法阻止默认的点击事件行为。在这里，将阻止浏览器响应链接点击事件并显示一个新页面。

然而，目前尚未涉及如何设置窗体尺寸及位置。我们希望即使是不太熟悉JavaScript开发的Web设计者也能够基于每个链接设置窗体尺寸。

2.3.4 引入自定义数据属性

创建JavaScript交互应用时，通常都要考虑到是否能给Web设计者带来便利，这种情况很常见。如前文所述（2.3.1节），在代码中存储窗体的高度及宽度是合适的，但是onclick()的方式存在太多弊端。不过，我们可以在元素中嵌入这些属性。要做的就是构造下述代码所示的<a>标签。

```
html5_popups_with_custom_data/popup.html
```
```
<a href="help/holiday_pay.html"
   data-width="600"
   data-height="400"
   title="Holiday Pay"
   class="popup">Holiday pay</a>
```

现在来修改前面写的click()事件，以获取<a>标签的自定义数据属性并把它们传入window.open()方法中。

```
html5_popups_with_custom_data/popup.htm
```
```
$("a.popup").click(function(event){
  event.preventDefault();
  var link = this;
  var href = link.getAttribute("href");
  var height = link.getAttribute("data-height");
  var width = link.getAttribute("data-width");

  window.open (href,"popup",
    "height=" + height +",width=" + width + "");
});
```

我们中规中矩地通过jQuery处理click()事件。在click()事件处理函数中，用关键字this表示我们点击的元素（即<a>标签）。通过getAttribute()方法，可以从该元素中获取用于弹出窗体的属性值。

任务完成了！现在点击链接，将会在新窗体中打开它。

2.3.5 回退方案

只要老式浏览器支持JavaScript，上面的这些自定义数据属性就能在这些浏览器中很好地运作。自定义数据属性并不会跟浏览器产生冲突，文档也依然有效且不会出错。但由于声明了HTML5文档类型，以data-打头的属性就会被老式浏览器全部忽略。

我们可以用别的方式访问自定义数据属性，比如dataset对象。它用于转换自定义数据属性（attribute，系标签属性）为DOM对象属性（property），访问方式如下。

```
html5_popups_with_custom_data/popup_dataset.html
```
```
var height = link.dataset.height;
var width = link.dataset.width;
```

这种方式很方便，但有几个问题需要注意。首要地，它无法在IE 10及之前的版本上获得支持，因此还适合作为通用的解决方案。其次，如果存在一个如data-mobile-image-size这样的自定义数据类型，就不得不用dataset.mobileImageSize这样的形式来访问它。对应到dataset对象上的属性需转换为骆驼拼写法。

提醒　这个例子使用了自定义数据属性来为客户端脚本提供附加信息。这是一种解决特定问题的灵活做法，并介绍了一种使用自定义数据属性的方式。虽然这种方式混用了描述内容与标记，却通过简单例子告诉我们，使用JavaScript来读取嵌入在页面中的属性值是多么容易。

2.4　实例4：常见问题描述列表

如果说有什么功能是内容驱动网站不可或缺的，十之八九就是FAQ（frequently asked questions，常见问题）。好的网站会把用户真正提到的问题加到FAQ中；也有一些网站"滥竽充数"，在FAQ中回答一些网站主体部分已经覆盖的内容。但不管FAQ内容是怎样的，要想出恰当的标记来实现它们一直是一件棘手的事情。

过去，Web开发者想尽各种办法来实现一个FAQ，包括使用有序列表、使用带class属性的<div>标签以及设置一堆样式等，但这些方式从语义角度来看都不合适。我们希望能够做到一个问题链接到一个对应的答案，现在，通过使用符合语义的<dl>元素，可以很容易地实现它。

在旧版本的HTML中，<dl>元素被称为定义列表，用于定义术语。但在HTML5中，<dl>元素变成了一个描述性列表。虽然实现代码几乎未变，但规范的变化使得该元素更清晰，在该元素的使用上，灵活性也大大增加。

这非常棒！AwesomeCo公司正需要一个介绍该公司业务的FAQ。在接下来的例子中，我们将使用一些虚构的内容，来演示如何实现一个FAQ。

FAQ内容结构

这个FAQ示例的内容结构很简单。通过<dl>标签定义FAQ本身，用<dt>标签定义每个问题，在<dd>标签中放置对应每个问题的答案。

```
html5_descriptionlist_faq/index.html
<article>
  <h1>AwesomeCo FAQ</h1>
  <dl>
    <dt>What is it that AwesomeCo actually does?</dt>
    <dd>
      <p>
        AwesomeCo creates innovative solutions for business that
```

```
          leverage growth and promote synergy, resulting in a better
          life for the global community.
        </p>
      </dd>
    </dl>
  </article>
```

默认的样式在大多数浏览器中都能很好地执行，如图2-5所示，每个答案都在对应的问题下面缩进排列。

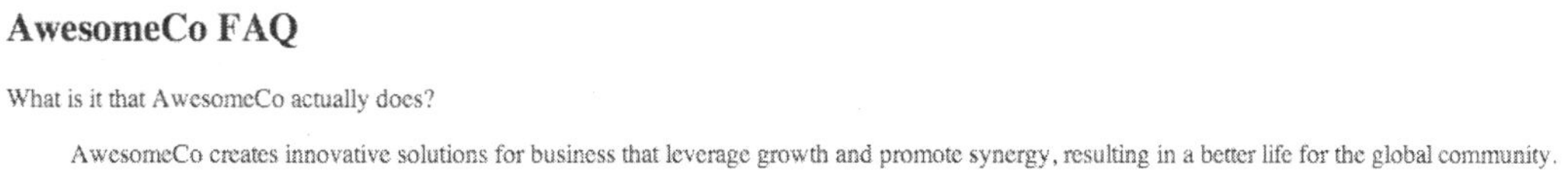

AwesomeCo FAQ

What is it that AwesomeCo actually does?

AwesomeCo creates innovative solutions for business that leverage growth and promote synergy, resulting in a better life for the global community.

图2-5 默认样式的FAQ

通过这些元素的使用，我们就可以绕过添加class属性的方式，来给这些元素应用样式。如果考虑在智能手机上浏览页面，还可以通过JavaScript很容易地实现条目合并，以减小页面体积并节省流量。

每个浏览器都支持<dl>标签，在HTML5中唯一变化的就是应该如何在内容中应用它。在这里，不需要回退方案。

2.5 未来展望

可以用新标签和新属性做很多有趣的事情。比如，我们可以在打印样式表中轻松识别并禁用导航及文章的页脚：

```
nav, article>footer{display:none}
```

我们还能通过JavaScript快速识别出页面或网站的所有文章。但最重要的是，现在可以用合适的标签标识内容，为编写更好的样式代码及JavaScript代码创造条件。看一下规范说明，你就会发现还有几个元素是浏览器后续要实现支持的，包括对话框元素（<dialog>）、文本高亮元素（<mark>），等等。

自定义数据属性为开发者提供了在标记中嵌入各种数据的灵活度。实际上，我们将会在第6章再次用到它。

可以结合使用自定义数据属性和JavaScript，通过简单地定位data-remote属性为true的（data-remote=true）某些表单标签，来判定表单标签是否应以Ajax方式提交。还可以在页面仍处于缓存状态下时，通过自定义数据属性呈现基于用户时区的日期和时间；只需把日期作为UTC（Coordinated Universal Time，协调世界时，又称世界统一时间）放进HTML页面，然后在客户端转换为用户本地时间即可。自定义数据属性允许你嵌入真实而有用的数据到页面里，同时会有越来越多的框架和库将用到自定义数据属性。相信你在工作中也能找到自定义数据属性的用武之地。

HTML5能够彻底地消灭div依赖症！

第 3 章

创建友好的Web表单

3

设计过复杂用户界面的人都知道基本的HTML表单控件有哪些限制。文本字段、选择菜单、单选按钮、复选框等基本控件并不能很好地满足开发者的需求。有时，你还要反复教用户如何使用繁杂的多选列表——"按住Ctrl键并点击目标条目，如果你用的是Mac，就请按住command键"。

因此，如同所有优秀的Web开发者一样，你也开始使用jQuery UI[①]，或者结合HTML、CSS及JavaScript开发自己的控件或功能。但如果看到了一个带有滑动条、日历控件、数字调节框、自动完成字段以及所见即所得编辑器的表单，瞬间你会发现自己以前做的竟是噩梦。对于自己开发的控件，务必要确保它们跟页面上的其他控件或其他JavaScript库不会产生冲突。试想，你花了几个小时开发出一个日历选择控件，之后却发现颜色选择控件无法工作了，原因是颜色选择控件代码有缺陷，导致它无法跟项目所用的jQuery最新版本兼容，这该多么打击人啊！

如果现在你笑了，那是因为你也有过类似的经历；如果你火冒三丈，八成还是同样的原因。但是，千万别泄气！本章将使用新的HTML5表单字段类型来创建一些界面，并实现自动聚焦及占位文本功能。接下来，我们将介绍客户端验证功能，并讨论使用新的contenteditable属性把HTML字段转换为用户输入控件。

在本章中，我们将介绍以下内容。

❏ 电子邮件字段（<input type="email">）：呈现一个用于输入电子邮件地址的表单字段（O 10.1、iOS、A 3）。

❏ URL字段（<input type="url">）：呈现一个用于输入URL的表单字段（O 10.1、iOS 5、A 3）。

❏ 范围（滑动条）字段（<input type="range">）：呈现一个滑动条控件（C 5、S 4、F 23、IE 10、O 10.1）。

❏ 数值字段（<input type="number">）：呈现一个用于输入数值的表单字段，常显示为数值框（C 5、S 5、O 10.1、iOS 5、A 3）。

❏ 颜色选择字段（<input type="color">）：呈现一个用于指定颜色的表单字段（C 5、O 11）。

❏ 日期选择字段（<input type="date">）：呈现一个用于选择日期的表单字段。支持日期、

---

① http://jqueryui.com/

月份或星期等选项（C 5、S 5、O 10.1）。

❑ 日期/时间选择字段（`<input type="datetime">`）：呈现一个用于选择日期及时间的表单字段。支持日期时间、本地日期时间或时间等多种选项（S 5、O 10.1）。

❑ 搜索字段（`<input type="search">`）：呈现一个用于输入搜索关键字的表单字段（C 5、S 4、O 10.1、iOS）。

❑ 自动聚焦功能（`<input type="text" autofocus>`）：支持将焦点放置在指定元素上（C 5、S 4）。

❑ 占位文本功能（`<input type="email" placeholder="me@example.com">`）：支持在表单字段中呈现占位文本（C 5、F 4、S 4）。

❑ 必填字段（`<input type="email" required>`）：如果指定字段未填入值，则不允许提交页面（C 23、F 16、IE 10、O 12）。

❑ 正则表达式验证功能（`<input pattern="/^(\s*|\d+)$/">`）：如果字段内容不匹配指定模式，则不允许提交页面（C 23、F 16、IE 10、O 12）。

❑ 就地编辑功能（`<p contenteditable>lorem ipsum</p>`）：在浏览器中提供内容的就地编辑功能（C 4、F 3.5、S 3.2、IE 6、O 10.1、iOS 5、A 3）。

首先，我们将讨论一些非常有用的表单字段类型。

3.1　实例 5：使用新的输入字段描述数据

HTML5引入了几个新的输入字段类型，通过它们可以更好地描述用户输入数据的类型。除了标准的文本字段、单选按钮以及复选框等元素，还可以使用电子邮件字段、日历、颜色选择字段、数值框以及滑动条等元素。浏览器使用这些新的字段就能呈现更好的控件效果，无需借助JavaScript。而移动设备及平板电脑的虚拟键盘、触摸屏，则可以通过这些字段类型来显示不同的键盘布局。例如iOS上的Safari，当用户输入URL和电子邮件类型的数据时，系统将显示交互键盘布局，如@、.、:以及/这样的特定字符都会直接呈现出来以方便输入。

AwesomeCo公司正在开发一个新的项目管理Web应用程序，为开发者及管理者及时跟进各个在建项目的进度提供便利。每个项目都有一个名称、一个联系人电子邮件地址以及一个用于测试的URL（通过此URL，管理者可以在开发阶段预览网站）。页面还有一些其他字段，如开始日期、优先级以及项目建设预估工期（小时数）。最后，开发经理还希望为每个项目设置一种颜色，以便在报表中快速找到目标项目。

现在，我们将借助HTML5中的新字段特性，开发一个项目参数设置页面的原型。最终的表单效果如图3-1所示。

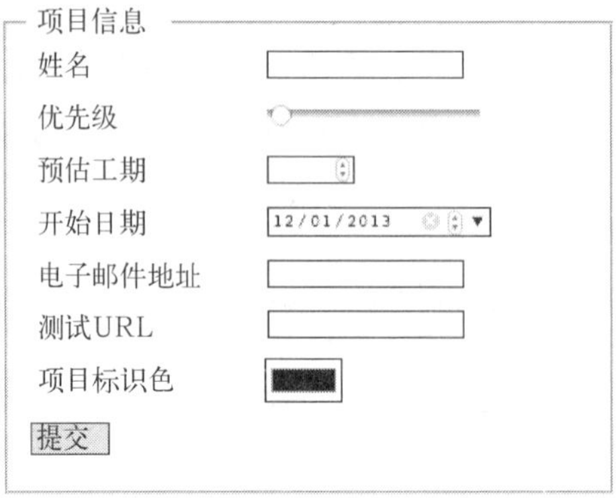

图   3-1

3.1.1   表单描述

接下来创建一个HTML5页面,让它包含一个基本的HTML表单,表单将提交POST请求,假设有个目标页面会处理这个表单请求。由于对项目名称并没有特定要求,因此,使用可靠的文本字段作为表单的第一个输入字段。

```
html5_forms/index.html
<form method="post" action="/projects/1">

  <fieldset id="personal_information">
    <legend>Project Information</legend>
    <ol>
      <li>
        <label for="name">Name</label>
        <input type="text" name="name" id="name">
      </li>
      <li>
        <input type="submit" value="Submit">
      </li>
    </ol>

  </fieldset>

</form>
```

我们创建了一个表单,其标签包裹在一个有序列表中。在创建可达性良好的表单时,标签的作用非常重要。标签的for属性引用其关联表单元素的ID。这样能够帮助屏幕阅读器识别页面中的相关字段。有序列表提供了一个列出所有字段的有效方式,避免采用复杂的表格或滥用<div>标签;同时也提供了一种标识字段顺序并让用户按顺序填充字段的方式。一旦创建好整个表单,就用CSS规则把标签及其关联表单字段排列在同一行上。

3.1.2　使用范围字段创建滑动条

　　滑动条通常用于让用户减小或增加数值，开发经理也可用来快速可视化并修改项目优先级。在这里，我们使用范围字段实现一个滑动条。

```
html5_forms/index.html
<label for="priority">Priority</label>
<input type="range" min="0" max="10"
       name="priority" value="0" id="priority">
```

　　把上述代码添加到表单的<li>元素中，正如name字段的处理方式。

　　Chrome、Safari以及Opera浏览器都实现了滑动条小部件，如图3-2所示。

优先级

图　3-2

　　注意我们还为这个滑动条设置了最小及最大值，这样将限制这个表单字段的取值范围。

3.1.3　使用选值框处理数值

　　需要用户输入数字的场景很多，尽管输入数字是个很简单的事情，但选值框在数值微调方面还是能够带来便利的。选值框是一个带有数值增减箭头框的控件。在这里用数值框完成项目建设预估工期字段（以小时为单位）。数值框除了方便数据输入，还能够用它来清晰描述字段所持有数据的类型。

```
html5_forms/index.html
<label for="estimated_hours">Estimated Hours</label>
<input type="number" name="estimated_hours"
       min="0" max="1000"
       id="estimated_hours">
```

　　Chrome、Safari以及Opera都支持数值框控件，如图3-3所示。

Estimated Hours

图　3-3

　　数值框同时还为那些不喜欢操作箭头的用户提供了输入功能。与范围滑动条类似，需要为选值框设置最小、最大值。但是设置的最小、最大值限制并不影响用户输入的值，因此，如果需要限制用户输入值，就要借助脚本或HTML5的验证功能（参见实例8）。

　　还可以通过设置step属性值来控制增减微调量。step属性值默认为1，也可以对它进行设置。

3.1.4   日期选择字段

这个例子需要记录项目开始日期，同时，我们希望功能实现过程尽可能容易些。日期选择字段正是一个合适的解决方案。

```
html5_forms/index.html
<label for="start_date">Start date</label>
<input type="date" name="start_date" id="start_date"
        value="2013-12-01">
```

日期选择字段清晰地描述了字段所持有数据的类型，但实现了功能之后，看到的却是一个日历小部件，以下是在Chrome中呈现的样式。

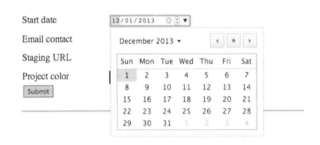

图   3-4

在编写本书时，Chrome和Opera是当前仅有的两个完全支持日历选择小部件的桌面浏览器，但在一些移动端浏览器上，可以利用该字段让用户方便地选择月份、日期以及年份。其他的浏览器则只是将该字段简单地渲染成一个文本字段。

3.1.5   电子邮件字段

电子邮件字段类型用于输入单个电子邮件地址或一个电子邮件地址列表，因此，它很适合本例中的电子邮件字段。

```
html5_forms/index.html
<label for="email">Email contact</label>
<input type="email" name="email" id="email">
```

这个表单字段给移动设备带来的好处更多。因为虚拟键盘布局常常会应景而变，以帮助用户更便捷地输入电子邮件。如图3-5所示，@符号在iOS和Android的键盘中进行了突出显示。

图 3-5

3.1.6 URL字段

这个例子的表单中有一个测试URL字段。而HTML5也引入了一个专门用于处理URL的新字段类型，这个测试URL字段的实现代码如下：

```
html5_forms/index.html
<label for="url">Staging URL</label>
<input type="url" name="url" id="url">
```

如同电子邮件字段类型，这个字段类型也特别适合iOS或Android等移动设备用户使用，因为在输入URL时，移动设备将显示一个大不一样的键盘布局，该键盘布局带有一些帮助用户快速输入Web地址的帮助按键（如：/、.com等按键），正如在移动端浏览器地址栏输入一个URL时所显示的键盘布局。

3.1.7 颜色选择字段

最后，我们还希望能够给项目设置颜色，这个功能可以通过颜色选择字段类型来实现。

```
html5_forms/index.html
<label for="project_color">Project color</label>
<input type="color" name="project_color" id="project_color">
```

编写本书时，只有少数浏览器支持颜色选择控件，但这并不是阻碍你使用这个字段的理由。你可以通过恰当的标记描述内容，这将在以后派上用场，特别是在采取回退方案的时候。

3.1.8　给表单设置样式

接下来使用一些基本的CSS代码给表单设置样式。首先创建一个新的CSS文件stylesheets/style.css，在页面的<head>标签里设置该样式表链接。

html5_forms/index.html
```
<link rel="stylesheet" href="stylesheets/style.css">
```

先移除有序列表的编号、外边距以及内边距（padding）：

html5_forms/stylesheets/style.css
```
ol{
  list-style: none;
  margin: 0;
  padding :0;
}

ol li{
  clear: both;
  margin: 0 0 10px 0;
  padding: 0;
}
```

之后，对齐标签及输入字段，并为输入字段设置样式。

html5_forms/stylesheets/style.css
```
label{
  float: left;
  width: 150px;
}

input{ border: 1px solid #333; }

input:focus{ background-color: #ffe; }
```

通过:focus伪类，可以为当前的焦点字段设置样式。

这种方式给我们带来一个漂亮且语义良好的Web表单，具有一定的技术前瞻性，并能够使用CSS来识别每个字段。

Chrome以及Opera支持大多数的新控件，但在Firefox、Safari或者IE中，许多新字段将显示为普通的文本字段。

3.1.9　回退方案

如果浏览器无法识别HTML5中新的字段，就会简单地回退显示这些字段为普通的文本字段，所以你的表单仍然可用。这时候，开发者可以决定是否使用第三方小部件或库。例如，先检查浏览器是否支持日历控件，如果不支持，则可以通过jQuery UI添加一个日历控件。等大多数浏览器功能日益完善并支持所有HTML5新控件时，就可以移除第三方替代方案了。接下来，我们将为颜色选择字段实现回退方案，这个处理过程与其他控件的回退实现基本上是一样的。

1. 替代颜色选择字段

多亏了CSS3的属性选择器，我们才可以轻松借助jQuery和jQuery-simple-color插件[①]来识别并替代颜色选择字段。通过color类型来定位相应的输入字段，然后应用jQuery-simple-color插件到相应的输入字段，代码如下所示：

```
$('input[type=color]').simpleColor();
```

由于在标记中使用了新的HTML5表单类型，我们无需再为颜色选择字段添加额外的类名或其他标记来识别自己。CSS属性选择器与HTML5可以无缝搭配使用。

典型的替代方案是使用诸如SimpleColor这样的插件，我们下载该插件，并在<script>标签中引用它，之后使用专门的JavaScript代码应用这个插件到对应元素上。但一般情况下，只有当浏览器不支持HTML5的颜色选择字段时才采取替代方案，所以，首先要用JavaScript检测浏览器是否支持该字段。如果不支持，我们就自动加载SimpleColor插件。

首先，在闭标签前添加并加载所需的jQuery库。

html5_forms/index.html

```
<script
  src="http://ajax.googleapis.com/ajax/libs/jquery/1.9.1/jquery.min.js">
</script>
```

之后，创建一个新文件javascripts/fallbacks.js。在上述代码的下面，添加一个新的<script>标签，并引用该文件。

html5_forms/index.html

```
<script src="javascripts/fallbacks.js"></script>
```

接下来，在javascripts/fallbacks.js文件中创建一个检测浏览器是否支持颜色选择字段的函数。

html5_forms/javascripts/fallbacks.js

```
Line 1  function hasColorSupport(){
          element = document.createElement("input");
          element.setAttribute("type", "color");
          var hasColorType = (element.type === "color");
    5     // 局部实现处理
          if(hasColorType){
```

[①] http://recursive-design.com/projects/jquery-simple-color/

```
    var testString = "foo";
    element.value = testString;
    hasColorType = (element.value != testString);
10  }
    return(hasColorType);
}
```

在该函数中，用JavaScript创建一个元素，并设置其type属性值为color。之后，获取其type属性值，以判断浏览器是否允许设置type属性。如果返回一个"color"的值，则说明浏览器支持color类型。

事情到了第6行变得有趣起来。一些浏览器部分实现了color类型。这些浏览器支持颜色选择字段，但不会实际显示一个颜色选择小部件。最终，页面上还是只显示一个普通的文本字段。因此，在这个检测函数中，先为该元素（也是一个输入字段）设置一个值（testString），然后判断是否设置成功。如果设置不成功，因为输入字段的行为并不像文本字段那样，所以，我们就可以进一步判定浏览器已经实现了颜色选择字段。

最后，我们调用检测函数。在不需要SimpleColor插件的情况下要避免调用它。如果需要调用SimpleColor插件，可以通过JavaScript代码来注入一个新的<script>标签，当fallbacks.j脚本加载时，这个新的<script>标签将加载SimpleColor插件并激活它。

html5_forms/javascripts/fallbacks.js

```javascript
var applyColorPicker = function(){
  $('input[type=color]').simpleColor();
};

if (!hasColorSupport()){
  var script = document.createElement('script');
  script.src = "javascripts/jquery.simple-color.js";

  if(script.readyState){    // 使用IE浏览器
    script.onreadystatechange = function () {
      if (this.readyState === 'loaded' || this.readyState === 'complete'){
        script.onreadystatechange = null;
        applyColorPicker();
      }
    };
  }else{
    // 使用其他浏览器
    script.onload = applyColorPicker;
  }

  document.getElementsByTagName("head")[0].appendChild(script);
}
```

IE使用onreadystatechange事件作为DOM元素加载完成后的执行函数，并需要检测readystate对象属性。其他浏览器只需简单地处理onload事件。通过包含IE和非IE浏览器的两个使用场景，就可以确保回退实现能满足所有浏览器的需要。

至此，回退方案可以在各个浏览器中正常运行了。接下来，添加一点CSS样式代码，让颜色选择字段与其他列水平对齐。

html5_forms/stylesheets/style.css
```css
.simpleColorContainer, .simpleColorDisplay{
  float: left;
}
```

为其他表单字段创建回退方案的过程与此类似：检测浏览器是否原生支持对应控件，如果不支持，就加载所需的第三方库并使用JavaScript实现替代方案。随着HTML5的普及，最终将逐渐消除JavaScript替代方案并完全依靠浏览器原生的控件支持。虽然我们的替代方案能够奏效，但是所用到的检测技术还比较脆弱。这里的检测技术只以特定的一系列浏览器为目标，并且整个解决方案也只针对颜色选择控件。但值得庆幸的是，我们还有一个更好的解决方案。

2. 使用Modernizr检测特性

Modernizr库可以用来检测浏览器对众多HTML5和CSS3特性的支持情况。[①]它并不添加缺失的功能，但提供了一些类似前面我们实现的检测方式，并且比我们自己实现的更健壮。

在文档<head>标签里、CSS引用之后加载Modernizr库。Modernizr库将提供一个`Modernizr`对象，该对象可以用来检测特性及加载回退方案。例如，以下代码演示了在应用Modernizr库的情况下，如何处理颜色选择字段的回退实现。

```js
if(Modernizr.inputtypes.color){
  // 浏览器支持color类型
}else{
  // 浏览器不支持color类型
}
```

但是，当检测出不支持新特性的时候，我们需要加载别的第三方库。这时候，可以通过Modernizr的`load()`方法来检测特性并加载其他脚本，之后，当`load()`方法里面的代码加载时，就会相应地执行我们自己的代码，实现代码如下所示。

html5_forms/modernizr/javascripts/fallbacks.js
```js
var applyColorPicker = function(){
  $('input[type=color]').simpleColor();
};

Modernizr.load(
  {
```

```
    test: Modernizr.inputtypes.color,
    nope: "javascripts/jquery.simple-color.js",
    callback: function(url, result){
      if (!result){
        applyColorPicker();
      }
    }
  }
);
```

　　load()方法定义了一个针对特定特性的检测对象，指定特性存在或缺失时会触发哪些处理。当特性得以支持时，Modernizr会加载yep指定的脚本，如果不支持则加载nope指定的脚本。同时，在load()方法里还可以定义一个回调函数，一旦宿主文件被加载，就执行这个回调函数。在本例中，我们检测颜色选择控件的支持情况，如果浏览器不支持该特性，就加载jQuery插件SimpleColor。之后，我们在回调函数里用到了result变量，如果浏览器支持颜色选择控件，该变量就会返回true，否则就返回false。换言之，result变量值是检测对象的检测结果。从技术角度来说，这里并不需要处理result变量，因为当脚本加载后，回调函数就会被释放。在本例中，只有在浏览器不支持颜色选择控件的情况下才加载脚本。但如有需要，我们也可以使用yep选项，当浏览器支持颜色选择控件时，就可以提供一个加载个性化处理脚本的机会。这些脚本仍然会调用回调函数，我们需要根据result变量值在回调函数中采取相应处理。

　　load()方法以yepnope.js库为基础构建，要了解它的运作机制，可以参考yepnope.js文档[1]。

　　要使用load()方法，我们必须通过一个在线工具来构建一个Modernizr定制版本[2]。这个构建工具包含了yepnope.js库。本书可下载的示例代码中包含了Modernizr的完整版本，但这个版本不适合产品环境，因为你应该只包含项目所需的那些Modernizr组件。

　　在项目中使用Modernizr之前，花时间研究一下源码以理解其运作机制。无论是否由你来写代码实现，只要你在项目组用到某个技术，你就应该为这个技术是否被正确使用负责。比如，Modernizr目前还无法处理Safari浏览器对颜色选择字段的部分支持特性，因此，开发者只好在等待Modernizr更新的同时采取临时方案并调整其页面。而当Chrome或Firefox的下一个版本出来时，你可能不得不再次开发一个共通解决方案，以支持所有的变更；也许你还会把你的解决方案回馈给Modernizr！

　　鉴于跨浏览器检测新特性的复杂度，只要是合适之处，本书示例都会使用Modernizer库。

　　除了新的表单字段类型，HTML5还为表单字段引入了一些其他属性，以提升可用性。接下来将讨论autofocus属性。

---

[1] http://yepnopejs.com/

[2] http://modernizr.com/download/

3.2 实例 6：借助 autofocus 跳到表单第一个字段

页面加载时，如果能把光标直接定位在表单的第一个字段上，就能够切实加快数据输入。许多搜索引擎通过JavaScript来实现这个功能，现在，HTML5已将此功能作为语言的一部分给予支持了。

你要做的只是把autofocus属性添加到具体的表单字段中。

html5_forms/autofocus/index.html

```
<label for="name">Name</label>
<input type="text" name="name" autofocus id="name">
```

不必将autofocus属性设为true或autofocus，只要autofocus属性在字段中出现，相应特性便会在浏览器中生效。

为了顺利实现目标，一个页面只能有一个autofocus属性。如果设置了多个autofocus属性，浏览器只会将光标定位在最后设置的那个表单字段上。

回退方案

我们可以检测autofocus属性是否存在，如果用户浏览器不支持该属性，就用一点点JavaScript代码将焦点设置在具体元素上。这大概是你能够想到的最简单的回退方案了。添加这段代码到javascripts/fallbacks.js文件中。

html5_forms/autofocus/javascripts/fallbacks.js

```
if (!Modernizr.autofocus){
  $('input[autofocus]').focus();
}
```

这段代码使用了jQuery来实现将光标定位到具体字段的功能。当然也可以使用原生JavaScript代码来实现，但由于前面已经加载了jQuery，并且可以通过属性选择器来获取设置有autofocus属性的字段，而不用添加特定类或ID，所以，这里优先选择了jQuery的实现方式。

autofocus属性使得页面加载后的表单操作更加便捷，但开发者可能还希望就所输入内容的类型给用户一些具体提示。接下来看看placeholder属性。

3.3 实例 7：通过占位文本提供提示信息

占位文本为用户提供如何填充字段内容方面的说明。它并非<label>标签的替代品，只是给用户提供一个输入示例。

AwesomeCo公司的支持网站需要用户注册一个账号，注册过程中一个最大的问题就是用户使用不安全的密码。因此，接下来使用占位文本（见图3-6）给用户提供一些密码设置要求方面的引导。考虑到一致性，我们一并给其他字段也添加上占位文本。

图3-6   占位符能够帮助用户理解他们应该怎么做

为了设置占位文本，我们为每个输入字段都添加placeholder属性，代码如下所示。

html5_placeholder/index.html

```html
<input id="email" type="email"
       name="email" placeholder="user@example.com">
```

一旦为每个输入字段添加好了占位文本，整个表单标记的实现代码如下。

html5_placeholder/index.html

```html
<form id="create_account" action="/signup" method="post">
  <fieldset id="signup">
    <legend>Create New Account</legend>
    <ol>
      <li>
        <label for="first_name">First Name</label>
        <input id="first_name" type="text"
               autofocus
               name="first_name" placeholder="'John'">
      </li>
      <li>
        <label for="last_name">Last Name</label>
        <input id="last_name" type="text"
               name="last_name" placeholder="'Smith'">
      </li>
      <li>
        <label for="email">Email</label>
        <input id="email" type="email"
               name="email" placeholder="user@example.com">
```

```
      </li>
      <li>
        <label for="password">Password</label>
        <input id="password" type="password" name="password" value=""
              autocomplete="off" placeholder="8-10 characters" />
      </li>
      <li>
        <label for="password_confirmation">Password Confirmation</label>
        <input id="password_confirmation" type="password"
              name="password_confirmation" value=""
              autocomplete="off" placeholder="Type your password again" />
      </li>
      <li><input type="submit" value="Sign Up"></li>
    </ol>
  </fieldset>
</form>
```

细心的读者会注意到我们为表单的密码字段添加了一个autocomplete属性。HTML5引入了autocomplete属性，用来告知浏览器不要自动填充该字段的数据。某些浏览器会默认记住用户先前输入的数据，而在某些情况下，我们希望浏览器阻止用户这么做。

由于这里再次使用了有序列表来组织表单字段，因此，需要添加一些基本的CSS样式代码，让表单看起来更漂亮。

```
html5_placeholder/stylesheets/style.css
fieldset{
  width: 216px;
}

fieldset ol{
  list-style: none;
  padding:0;
  margin:2px;
}

fieldset ol li{
  margin:0 0 9px 0;
  padding:0;
}

/* 让输入字段回到自己的行 */
fieldset input{
  display:block;
}
```

现在Safari、Opera和Chrome的用户将看到表单字段里的帮助信息（占位文本）。但Firefox和IE还不能很好地支持placeholder属性，接下来实现回退方案，让Firefox和IE也能达到同样的效果。

回退方案

让老式浏览器支持占位符有很多解决方案，但最简单的方案莫过于使用jQuery Placeholder插件[①]。这个插件的使用方式与实现颜色选择字段回退方案的方式相同：检测浏览器对placeholders属性的支持情况，在浏览器不支持该属性时加载并激活这个插件。

创建一个新文件javascripts/fallbacks.js，准备为我们的表单实现回退方案。然后，在HTML页面的底部使用\<script\>标签引入该文件。

html5_placeholder/index.html

```
<script
  src='http://ajax.googleapis.com/ajax/libs/jquery/1.9.1/jquery.min.js'>
</script>
<script src='javascripts/fallbacks.js'></script>
```

在这里我们将再次使用Modernizr，这就意味着我们需要在页面\<head\>区域添加Modernizr库的引用，以便它能正确运行。

html5_placeholder/index.html

```
<script src='javascripts/modernizr.js'></script>
```

在javascripts/fallbacks.js文件中，定义了一个调用jQuery Placeholder插件的函数。

html5_placeholder/javascripts/fallbacks.js

```
var applyPlaceholders = function(){
  $("input").placeholder();
}
```

接下来，使用Modernizr检测placeholder属性的支持情况，加载jQuery Placeholder插件，并调用回退方案。

html5_placeholder/javascripts/fallbacks.js

```
Modernizr.load(
  {
    test: Modernizr.placeholder,
    nope: "javascripts/jquery.placeholder.js",
    callback: function(url, result){
      if (!result){
        applyPlaceholders();
      }
    }
  }
);
```

---

① https://github.com/mathiasbynens/jquery-placeholder

现在，我们得到了一个相当不错的解决方案，不管你使用什么浏览器，这个方案使得占位文本功能对Web应用来说都是有效的。

在提示用户该用何种方式输入数据方面，占位符是一个非常有效的方式。但是，开发者可能还希望通过确保用户以正确方式填充字段，来给用户更多的引导。

3.4　实例 8：不借助 JavaScript 验证用户输入

我们创建Web表单，是为了从用户那里获取用户输入数据并存储它，或者处理数据将其转换为有用的信息。请求数据中，一部分数据可能是必须提供的，而其他数据是可选的。有时，数据需要按一定格式输入，并在存储数据之前对其进行有效性验证，这样可以为用户提供修正的机会。习惯上，考虑到客户端JavaScript验证技术很容易被禁用，开发者往往会用服务器端代码验证用户输入。由于用户不得不填写字段、提交表单，然后再等待整个页面刷新以观察是否有错误发生，所以服务器端验证过程缓慢，带来的用户体验非常糟糕。为了给用户提供响应快速的体验，开发者最终还是要写客户端JavaScript验证代码，实际上编写了两次验证代码（服务器端及客户端验证代码）。这种方式存在一系列的问题。

HTML5引入了表单元素的几个相关属性，用于客户端验证用户输入，借助这些属性，我们可以在请求发送到服务器端之前捕捉到一些简单的输入错误，无需通过JavaScript。

AwesomeCo公司提供的网站注册页面是测试这些新属性的一个极佳场所。用户在注册时，需要提供他们的姓名、邮件地址，还需要输入密码。接下来，我们来验证姓名以及电子邮件字段是否被填充。

如同<autofocus>属性的应用方式那样，我们通过在元素中添加required属性，来要求用户填充表单字段。因此，我们可以在初始注册表单的First Name、Last Name以及Email字段中添加required属性。

```
html5_validation/index.html
<li>
  <label for="first_name">First Name</label>

  <input id="first_name" type="text"
    autofocus="true"
    required
    name="first_name" placeholder="'John'">
</li>
<li>
  <label for="last_name">Last Name</label>
  <input id="last_name" type="text"
    required
    name="last_name" placeholder="'Smith'">
</li>
```

```
<li>
  <label for="email">Email</label>

  <input id="email" type="email"
    required
    name="email" placeholder="user@example.com">
</li>
```

支持该属性的浏览器在这些字段未被填充的情况下将阻止表单提交操作。同时，我们会得到一个相关的错误提示信息，而且，连一行JavaScript验证代码都无需我们填写！Chrome的处理情形如图3-7所示。

图   3-7

我们同时也指定Email字段为必填字段，这样可以给我们的操作带来便利。同时，对于Email字段，用户必须输入电子邮件地址格式的内容。

图3-8是使用表单字段描述数据的另一个原因。图中显示了三个必填字段，值得注意的是，要确保Password字段满足最少8个字符数的要求。

图   3-8

3.4.1   正则表达式验证

通过pattern属性可以指定正则表达式以验证用户数据。现在，浏览器已经能够验证电子邮件地址以及URL了，但针对Password字段，我们还要进一步设置具体规则，为其添加pattern属性，通过正则表达式规则强制要求密码不少于8个字符，且至少包括1个数字、一个大写字母以及一个特殊字符。

```
html5_validation/index.html
<li>
  <label for="password">Password</label>
  <input id="password" type="password" name="password" value=""
```

```
    autocomplete="off" placeholder="8-10 characters"
    pattern="^(?=.{8,})(?=.*[a-z])(?=.*[A-Z])(?=.*[\d])(?=.*[\W]).*$"
    title="Password must be 8 or more characters with at
          least one number, an uppercase letter, and one special character"
  />
</li>
```

请注意，在这里我们使用了title属性，为用户应输入的内容提供描述信息。

现在，如果输入不匹配的内容，浏览器将显示一个错误提示信息（如图3-9所示），而且title属性的内容会被添加到错误提示信息中。

图　3-9

我们还希望密码确认字段也采用同样的模式。

html5_validation/index.html

```
<li>
  <label for="password_confirmation">Password Confirmation</label>
  <input id="password_confirmation" type="password"
    name="password_confirmation" value=""
    autocomplete="off" placeholder="Type your password again"
    pattern="^(?=.{8,})(?=.*[a-z])(?=.*[A-Z])(?=.*[\d])(?=.*[\W]).*$"
    title="Password confirmation must be 8 or more characters with at
          least one number, an uppercase letter, and one special character"
  />
</li>
```

还有一件事情无法借助这些验证属性来完成：确保密码字段与密码确认字段的内容一致。这时，我们需要借助JavaScript来处理。

3.4.2　为字段添加样式

表单已经具备了基本的样式，但现在的字段上有了更多的信息，利用这些信息可以突出显示错误字段。一些浏览器，如Firefox，在非法输入的字段失去焦点时会高亮显示。另一些浏览器只有在表单被提交时才会提供反馈信息。我们来设置一点样式，以便为用户提供即时的反馈信息。

在相应的样式声明中使用:valid和:invalid伪类。

html5_validation/stylesheets/style.css

```
input[required]:invalid, input[pattern]:invalid{
```

```
    border-color: #A5340B;
}

input[required]:valid, input[pattern]:valid{
    border-color: #0B9900;
}
```

现在，当用户改变字段内容时，将获得相应的可视信息反馈。

3.4.3   回退方案

最简单的回退方案就是什么都不做。浏览器将忽略required和pattern属性，因此，你可以通过服务器端验证捕捉错误。但是，如果你想做得更完美一些的话，可以考虑通过required和pattern属性实现你自己的验证功能。也可以考虑采用第三方库，如H5F，其功能极其强大，你可以把它放到页面上并激活它。[①]不像其他库，检测浏览器是否支持HTML5新特性并不是必须的，因为H5F会自动检测并利用既有浏览器的支持特性。

为了使用H5F库，需要引入并激活它。再次通过Modernizr来检测HTML5新特性并加载H5F库。虽然H5F实现了新特性检测，我们还是希望尽可能少地加载额外脚本代码，并且我们已经在占位文本的回退方案中使用了Modernizr。因此，我们将按照以下代码来修改已有的load()函数。

html5_validation/javascripts/fallbacks.js
```
➤ Modernizr.load([
    {
      test: Modernizr.placeholder,
      nope: "javascripts/jquery.placeholder.js",
      callback: function(url, result){
        if (!result){
          applyPlaceholders();
        }
      }
    }
➤  ,
➤  {
➤    test: Modernizr.pattern && Modernizr.required,
➤    nope: "javascripts/h5f.min.js",
➤    callback: function(url, result){
➤      if (!result) {
➤        configureHSF();
➤      }
➤    }
➤  }
➤ ]);
```

---

① https://github.com/ryanseddon/H5F

接下来，为了激活H5F，我们实现以下代码。

html5_validation/javascripts/fallbacks.js

```
var configureHSF = function(){
  H5F.setup(document.getElementById("create_account"));
};
```

load()函数的参数是一个字符串、一个对象或一个对象数组。现在，我们要传入两个对象给 Modernizr.load()（而不是原先的一个对象）。为此，我们把两个传入对象放进数组中。这也是把对象包装在方括号里的原因。

我们在代码中使用了document.getElementById()，这是因为H5F需要标准DOM元素。如果使用jQuery获取元素，最终就会得到一个jQuery对象而不是标准元素对象，导致H5F不知道如何处理。

客户端验证使得用户不用等待服务端响应或页面刷新，就可以看到所犯错误。但请记住这个特性有可能被禁用、不支持或错误地实现，因此，你仍需要确保实现了服务器端验证功能。

表单字段并非是让用户输入数据到Web页面的唯一途径。接下来看看让用户输入文本到标准HTML元素里是如何实现的。

3.5　实例 9：通过 `contenteditable` 属性实现就地编辑功能

我们一直在寻求一些有效方式，让用户与应用程序间更方便地交互。例如，有时候我们希望用户不用导航到别的表单就可以就地编辑他们的介绍信息。过去我们往往会点击文本显示位置，然后用文本字段取代该显示区域，从而实现就地编辑功能；然后文本字段通过Ajax方式传送更改信息给服务端。HTML5引入了contenteditable新属性，它负责自动提供数据输入功能。我们仍需要编写将数据发送至服务端的JavaScript实现代码，以便保存数据，但有了contenteditable属性之后，就不用再创建这么多表单字段并来回切换它们的显示状态了。

AwesomeCo公司当前有一个项目需要提供用户资料的修改功能。用户资料页面将显示用户姓名、所在城市、所在州、邮政编码以及电子邮件地址等信息。接下来，我们为用户资料页面添加一些就地编辑功能，实现效果如图3-10所示。

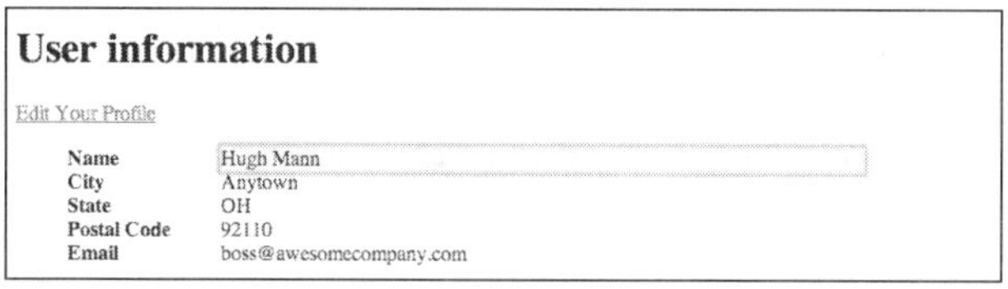

图3-10　就地编辑变得容易了

在开始之前，我要声明一下，用客户端JavaScript代码实现某个功能而非首要考虑服务端解决方案的做法，违背了构建可达性良好的Web应用程序的理念。在这里之所以这样做，是为了把重点放在阐述contenteditable属性的用法上，同时，这段代码也并非生产代码。通常情况下，优先构建不依赖JavaScript的解决方案（比如服务端解决方案），之后再创建对应的JavaScript脚本方案。最后，在你只改动其中一种方案时，一定要对两种方案都编写自动测试案例，以便尽最大可能捕获bug。只要有可能，就要在非JavaScript解决方案基础之上再考虑构建JavaScript解决方案。从长远来看，这可以让你最终拥有良好的标记和代码结构，以及更好的可达性。

3.5.1   用户资料表单

HTML5引入的contenteditable属性几乎可以应用在所有元素上。只需简单地在元素中添加该属性，就可以把该元素转变成可编辑字段。接下来，我们要构建用户资料表单。利用标准的HTML模版创建一个新页面show.html：

html5_content_editable/show.html

```
<!DOCTYPE html>
<html lang="en-US">
  <head>
    <meta charset="utf-8">
    <title>Show User</title>
    <link rel="stylesheet" href="stylesheets/style.css">
  </head>
  <body id="forms">
  </body>
</html>
```

在<body>标签中，添加可编辑字段。

html5_content_editable/show.html

```
<h1>User information</h1>
<div id="status"></div>
<ul data-url="/users/1">
  <li>
    <b>Name</b>
    <span id="name" contenteditable>Hugh Mann</span>
  </li>
  <li>
    <b>City</b>
    <span id="city" contenteditable>Anytown</span>
  </li>
  <li>
    <b>State</b>
    <span id="state" contenteditable>OH</span>
  </li>
  <li>
    <b>Postal Code</b>
```

```
    <span id="postal_code" contenteditable>92110</span>
    </li>
  <li>
    <b>Email</b>
    <span id="email" contenteditable>boss@awesomecompany.com</span>
  </li>
</ul>
```

我们可以通过一些CSS样式设置，让页面看起来更漂亮些。另外，除了一些让字段按行排列的基本样式设置以外，我们还将识别可编辑字段，以便在鼠标悬停或用户选择时改变这些字段的颜色。创建一个新的样式表文件stylesheets/style.css，代码如下。

html5_content_editable/stylesheets/style.css

```
Line 1  ul{list-style:none;}

      li > b, li > span{
        display: block;
    5   float: left;
        width: 100px;
      }

      li > span{
   10   width:500px;
        margin-left: 20px;
      }

      li > span[contenteditable]:hover{
   15   background-color: #ffc;
      }

      li > span[contenteditable]:focus{
        background-color: #ffa;
   20   border: 1px shaded #000;
      }

      li{clear:left;}
```

第3行设置标签文字和<span>标签按行排列。之后在第14行和第18行分别通过CSS属性选择器添加悬停及聚焦效果。

这些就是前端要完成的工作。用户现在可以很方便地在页面上修改数据。好了，好好保存这些代码吧。

3.5.2　数据持久化

虽然用户可以修改数据，但一旦页面刷新，或是通过导航离开页面，所有的修改都将丢失。我们需要考虑一种提交这些修改信息至后台的办法——通过jQuery就可以轻松实现。如果你以前使用过 Ajax 技术，这里涉及的处理方法对你而言就没什么新鲜的了。

首先，创建一个新的 JavaScript 文件 javascripts/edit.js，然后在 HTML 页面底端、**</body>** 闭标签之前引用该文件和 jQuery 库。

html5_content_editable/show.html

```html
<script
    src="http://ajax.googleapis.com/ajax/libs/jquery/1.9.1/jquery.min.js">
</script>
<script src="javascripts/edit.js"></script>
```

接下来，编写当数据修改时进行保存的代码。

html5_content_editable/javascripts/edit.js

```javascript
$("#edit_profile_link").hide();
var status = $("#status");
$("span[contenteditable]").blur(function(){
  var field = $(this).attr("id");
  var value = $(this).text();

  var resourceURL = $(this).closest("ul").attr("data-url");

  $.ajax({
    url: resourceURL,
    dataType: "json",
    method: "PUT",
    data: field + "=" + value,
    success: function(data){
      status.html("The record was saved.");
    },
    error: function(data){
      status.html("The record failed to save.");
    }
  });
});
}
```

我们为页面中包含 contenteditable 属性的每个 <span> 标签添加事件监听器。因此，当用户通过 Tab 键离开字段，我们要做的就是用 jQuery 的 ajax() 方法提交数据给服务器端代码。当实现 Web 页面时，我们给 <ul> 标签的 data-url 属性添加上服务器端 URL，因此，在这里获取 URL 并构建到服务端的请求。这只是一个例子，我们并未提供一个后台程序来保存这些数据，要实现它已超出了本书内容范畴。不过，你将在第 9 章学到在客户端保存用户数据的一些方法。

3.5.3 回退方案

我们已经实现了许多功能，这些功能并不能保证对所有的用户都有效。首先，我们通过基于

JavaScript的解决方案保存编辑结果至服务端，这并非好的方式。与其担心用户在使用我们的技术方面存在障碍，还不如让用户选择是否使用一个单独的用户资料表单页面。诚然，这会导致更大的编码量。但是，开发者必须考虑到以下可能的场景。

❑ 用户的浏览器并不支持contenteditable属性。

❑ 用户虽然使用现代浏览器，但是因为不喜欢JavaScript而将其禁用（这种情况比你想象中的更常见）。

❑ 用户在阻止JavaScript的防火墙软件后面工作。信不信由你，这种防火墙软件是存在的，对用户和开发者来说，这都是个悲剧。

说到底，通过一个表单发送POST请求到服务端同一个处理Ajax更新的页面，这种方式应该是最合理的。如何做取决于你自己，但许多框架通过检查accept header能够检测请求类型，以判定请求源于普通的POST请求还是一个XMLHttpRequest对象。在这种情况下，你能够充分利用原有的服务器端代码，达到"DRY"[①]的目的。如果浏览器支持contenteditable属性以及JavaScript，我们就隐藏该表单的链接。

我们创建一个新页面edit.html，实现一个标准编辑表单，发送POST请求到前面Ajax实现版本用到那个的服务端页面。

html5_content_editable/edit.html

```html
<!DOCTYPE html>
<html lang="en-US">
  <head>
    <meta charset="utf-8">
    <title>Editing Profile</title>
    <link rel="stylesheet" href="stylesheets/style.css">
  </head>
  <body>
    <form action="/users/1" method="post" accept-charset="utf-8">
      <fieldset id="your_information">
        <legend>Your Information</legend>
        <ol>
         <li>
           <label for="name">Your Name</label>
           <input type="text" name="name" value="" id="name">
         </li>
         <li>
           <label for="city">City</label>
           <input type="text" name="city" value="" id="city">
         </li>
         <li>
           <label for="state">State</label>
```

---

① DRY指"Don't Repeat Yourself"（不要重复你自己），由Dave Thomas和Andy Hunt在*The Pragmatic Programmer*一书中提出。

```
      <input type="text" name="state" value="" id="state">
    </li>
    <li>
      <label for="postal_code">Postal Code</label>
      <input type="text" name="postal_code" value="" id="postal_code">
    </li>
    <li>
      <label for="email">Email</label>
      <input type="email" name="email" value="" id="email">
    </li>
    </ol>

  </fieldset>
  <p><input type="submit" value="Save"></p>
  </form>

  </body>
</html>
```

我们在stylesheets/style.css中添加一些样式，让表单看起来更漂亮些，所采用的样式与前面实现的其他表单类似。

html5_content_editable/stylesheets/style.css

```
ol{
  padding :0;
  margin: 0;
  list-style: none;
}

ol > li{
  padding: 0;
  clear: both;
  margin: 0 0 10px 0;
}

label{
  width: 150px;
  float: left;
}
/* EN:edit_styles */
```

接下来，在show.html文件中添加到edit.html的链接。

html5_content_editable/show.html

```
<h1>User information</h1>
<section id="edit_profile_link">
  <p><a href="edit.html">Edit Your Profile</a></p>
</section>
<div id="status"></div>
```

添加了这个链接后，接下来需要修改我们的JavaScript脚本代码。我们希望在支持可编辑内容时隐藏连到编辑页面的链接，并提供Ajax实现功能。检测方式相对简单，无需用到Modernizr库。我们只需要判断某个元素中是否存在contenteditable属性。

```
html5_content_editable/javascripts/edit.js
➤ var hasContentEditableSupport = function(){
➤   return(document.getElementById("edit_profile_link").contentEditable != null)
➤ };
➤
➤ if(hasContentEditableSupport()){
➤   $("#edit_profile_link").hide();
    var status = $("#status");
    $("span[contenteditable]").blur(function(){
      var field = $(this).attr("id");
      var value = $(this).text();

      var resourceURL = $(this).closest("ul").attr("data-url");

      $.ajax({
        url: resourceURL,
        dataType: "json",
        method: "PUT",
        data: field + "=" + value,
        success: function(data){
          status.html("The record was saved.");
        },
        error: function(data){
          status.html("The record failed to save.");
        }
      });
    });
➤ }
```

经过这番处理，用户就能够采用标准界面方案或是更快捷的就地编辑方案。记住要实现回退表单界面，否则，不支持contenteditable属性的浏览器将忽略该属性（虽然这些浏览器可能支持许多其他HTML5特性），导致用户无法使用你的网站。

3.6 未来展望

现在，如果添加一个基于JavaScript实现的日期选择器到网站中，用户将不得不去了解如何使用它。如果你在网上买过飞机票或预定过酒店，可能对相关网站上自定义表单控件的不同实现方式深有感触。这就好比使用自动柜员机，界面的普遍差异性足以让你晕头转向。

然而，想象一下，如果每个站点都使用HTML5日期字段，浏览器就不得不实现HTML5日期字段界面功能。用户访问的每个站点都将显示完全一样的日期选择器。屏幕阅读器软件甚至可以实现一个标准方法以帮助盲人更方便地输入日期。本章我们介绍了不少新的表单字段，但并未涉及全部。我们还可以使用search类型来实现搜索框字段，使用tel类型实现电话号码字段，使用time类型和datetime类型分别实现时间及日期字段。所有的这些字段类型都可以为访问者呈现特定的用户界面，这些界面描述的内容比老式的文本类型要好得多。

现在来思考一下，一旦占位文本以及自动聚焦功能普及开来，将为用户带来哪些益处。占位文本功能可以帮助屏幕阅读器向用户解释表单字段是如何工作的，自动聚焦功能能够让用户无需鼠标轻松定位，这些功能将为盲人以及因运动障碍而无法使用鼠标的用户带来福音。

一旦更多的浏览器支持内置验证功能，用户将享受到跨浏览器的一致性体验；出错信息将会一致，用户也就不用到处查找出错的地方。

转化元素为可编辑区域的功能使得就地编辑变得简单，但这可能会改变我们为内容管理系统创建界面的方式。

现代Web技术自始至终讲究交互性，而表单是交互实现的基本部分。HTML5的增强特性为我们提供了一套全新的工具，通过它我们可以为用户做更多的事情。

第4章

设置内容及界面的样式

4

长久以来，开发者们不断探索代码所需的CSS魔法效果。我们经常需要借助JavaScript或服务器端代码实现表格行颜色交替功能，或者设置表单聚焦和模糊效果。我们不得不为了标识需要设置样式的50个表单输入字段，添加额外的class属性，导致标签被搞得乱七八糟。

这些都将成为历史！CSS3拥有强大的选择器来处理这些琐碎的任务。一个选择器就是一种模式，你可以借助选择器在HTML文档中找到所需元素，以给这些元素设置样式。接下来，我们将使用这些新的选择器设置表格样式。之后，看一下如何通过其他一些CSS3特性来改进网站的打印样式表，并将内容分割到多个列中。

本章介绍的CSS特性如下所示。

❑ :nth-of-type（p:nth-of-type(2n+1){color: red;}）：找出某种类型的所有n个元素（C 2、F 3.5、S 3、IE 9、O 9.5、iOS 3、A 2）。

❑ :first-child（p:first-child{color:blue;}）：找出第一个元素（C 2、F 3.5、S 3、IE 9、O 9.5、iOS 3、A 2）。

❑ :nth-child（p:nth-child(2n+1){color: red;}）：顺序计数，找出特定的一个子元素（C 2、F 3.5、S 3、IE 9、O 9.5、iOS 3、A 2）。

❑ :last-child（p:last-child{color:blue;}）：找出最后一个子元素（C 2、F 3.5、S 3、IE 9、O 9.5、iOS 3、A 2）。

❑ :nth-last-child（p:nth-last-child(2){color: red;}）：向前计数，找出特定的一个子元素（C 2、F 3.5、S 3、IE 9、O 9.5、iOS 3、A 2）。

❑ :first-of-type（p:first-of-type{color:blue;}）：找出给定类型的第一个元素（C 2、F 3.5、S 3、IE 9、O 9.5、iOS 3、A 2）。

❑ :last-of-type（p:last-of-type{color:blue;}）：找出给定类型的最好一个元素（C 2、F 3.5、S 3、IE 9、O 9.5、iOS 3、A 2）。

❑ 分栏特性（#content{ column-count: 2; column-gap: 20px; column-rule: 1px solid #ddccb5;}）：将内容分割到多个列中（C 2、F 3.5、S 3、O 11.1、iOS 3、A 2）。

❑ :after（span.weight:after { content: "lbs"; color: #bbb; }）：使用content在特定元素后面插入内容（C 2、F 3.5、S 3、IE 8、O 9.5、iOS 3、A 2）。

❑ 媒体查询特性（media="only all and (max-width: 480)"）：基于设备设定，应用样式（C 3、F 3.5、S 4、IE 9、O 10.1、iOS 3、A 2）。

4.1   实例 10：使用伪类设置表格样式

CSS中的伪类，提供了一种基于文档之外的或无法被普通选择器表达的信息来选择元素的方式。你应该已经使用过一些伪类了，比如在鼠标悬停在链接上时，使用:hover改变其颜色。CSS3提供了一些新的伪类，以方便元素定位操作。

AwesomeCo公司使用第三方账务系统来管理其运输的产品。如你所知，会议用品，诸如笔、茶杯、衬衫以及其他一些你可以打上商标的东西，是AwesomeCo公司最大的业务市场。AwesomeCo公司希望发货清单页面更具可读性。眼下，开发者提供了一个标准的HTML表格，如图4-1所示。

Item	Price	Quantity	Total
Coffee mug	$10.00	5	$50.00
Polo shirt	$20.00	5	$100.00
Red stapler	$9.00	4	$36.00
Subtotal			$186.00
Shipping			$12.00
Total Due			$198.00

图4-1   当前的发货清单是一个未设置样式的表格

这是一张相当标准的发货清单，里面包含了单价、数量、行总计、分类小计、运费以及发货单总计等内容。如果间隔行为不同颜色，那么这张表单就会更易读。同样，用不同颜色标识发货单总计以使其更加突出，也不失为一个好主意。

处理表格的代码如下所示，可以复制并运行它。

css3_advanced_selectors/index.html
```
<table >
  <tr>
    <th>Item</th>
    <th>Price</th>
    <th>Quantity</th>
    <th>Total</th>
  </tr>
  <tr>
    <td>Coffee mug</td>
    <td>$10.00</td>
    <td>5</td>
    <td>$50.00</td>
```

```
    </tr>
    <tr>
      <td>Polo shirt</td>
      <td>$20.00</td>
      <td>5</td>
      <td>$100.00</td>
    </tr>
    <tr>
      <td>Red stapler</td>
      <td>$9.00</td>
      <td>4</td>
      <td>$36.00</td>
    </tr>
    <tr>
      <td colspan="3">Subtotal</td>
      <td>$186.00</td>
    </tr>
    <tr>
      <td colspan="3">Shipping</td>
      <td>$12.00</td>
    </tr>
    <tr>
      <td colspan="3">Total Due</td>
      <td>$198.00</td>
    </tr>
</table>
```

首先，移除丑陋的表格边框。创建一个stylesheets/style.css文件，并在HTML文件里引用它。

css3_advanced_selectors/index.html

```
<link rel="stylesheet" href="stylesheets/style.css">
```

css3_advanced_selectors/stylesheets/style.css

```
table{
  border-collapse: collapse;
  width: 600px;
}

th, td{ border: none; }
```

此外，设置表头栏为黑色背景加白色文本。

css3_advanced_selectors/stylesheets/style.css

```
th{
  background-color: #000;
  color: #fff;
}
```

应用了样式后，表格效果如图4-2所示。

Item	Price	Quantity	Total
Coffee mug	$10.00	5	$50.00
Polo shirt	$20.00	5	$100.00
Red stapler	$9.00	4	$36.00
Subtotal			$186.00
Shipping			$12.00
Total Due			$198.00

图　4-2

清除了表格的边框及空白之后，我们可以使用伪类来给行和列单独设置样式。先来给表格行设置条纹。

4.1.1　使用:nth-of-type给表格行设置条纹

我们都见过表格的"斑马纹"效果。这种效果非常有用，它能够让我们的视觉保持在水平线上。这种表现层的样式设置是CSS最拿手的任务。以前要设置表格的"斑马纹"效果，就必须先给表格行添加附加类名，诸如odd（奇数）、even（偶数）之类的。HTML5规范不鼓励我们使用类名来定义表现内容，因此，我们并不希望因为采用了这种方式而破坏表格的标记结构。通过使用一些HTML5中引入的新的选择器，我们可以在避免改变标记结构的情况下，达成我们的目的，真正实现表现与内容分离的效果。

nth-of-type选择器通过一个公式或关键字，来找出特定类型的所有n个元素。我们很快会看到公式的具体应用。不过，让我们先来了解一下关键字的使用，因为它比较容易掌握。

我们希望相邻行有不同的颜色，最简单的方式就是找出所有的偶数行，然后设置它们的背景颜色。之后，再对所有的奇数行做相同的处理。CSS3针对这种具体场景，提供了even和odd关键字。

```
css3_advanced_selectors/stylesheets/style.css
tr:nth-of-type(even){
  background-color: #F3F3F3;
}
tr:nth-of-type(odd) {
  background-color:#ddd;
}
```

上述代码中，选择器的意思是："帮我找出每个偶数行，并给这些行设置颜色。然后再找出所有的奇数行，也给它们设置颜色。"这种方式不用依赖脚本处理，也不用给表格行添加额外的类名，就可以实现表格的"斑马纹"效果。

应用了样式后，我们的表格如图4-3所示。

接下来，我们来调整表格列的内容对齐。

Item	Price	Quantity	Total
Coffee mug	$10.00	5	$50.00
Polo shirt	$20.00	5	$100.00
Red stapler	$9.00	4	$36.00
Subtotal			$186.00
Shipping			$12.00
Total Due			$198.00

图 4-3

4.1.2 使用:nth-child对齐表格列的内容

默认情况下，发货清单表里的所有列都是左对齐的，我们要对第一列以外的其他所有列的内容设置右对齐。这样，Price（价格）列以及Quantity（数量）列的内容都将右对齐以方便阅读。要设置右对齐，我们可以使用nth-child选择器，首先我们来了解它是如何工作的。

nth-child选择器查找某个元素的子元素，和nth-of-type选择器一样，也可以使用关键字或一个公式。

公式的形式是an+b，a是个倍数，n是以0开始算起的计数器，而b是偏移量。在缺乏上下文环境的情况下，是很难理解这种描述的。因此，接下来我们把nth-child选择器放到表格的上下文环境中加以描述。

如果打算选择表格所有行，我们可以这么做。

table tr:nth-child(**n**)

不使用倍数，也不需要偏移量。

然而，如果这时候我们想获取除第一行（该行包含栏目标题）以外的所有行，这种情况下，将使用带偏移量的选择器。

table tr:nth-child(**n+2**)

计数器是从0开始计算的，在这里偏移量为2，意思是不从表格第一行开始计算，而是从第二行开始算起。

如果我们想隔行选择表格行，则需要用到倍数2，即2n。

table tr:nth-child(**2n**)

如果要每隔两行选择一行，则使用3n。

你也可以使用偏移量，以便向前选择表格行。下面的公式将找出从第四行开始的相隔行。

table tr:nth-child(**2n+4**)

因此，根据以上说明，我们可以使用以下规则右对齐第一列以外的所有列。

css3_advanced_selectors/stylesheets/style.css

```
td:nth-child(n+2), th:nth-child(n+2){
  text-align: right;
}
```

我们使用由逗号隔开的两个选择器，以同时设置<th>和<td>的样式。

至此，我们的表格样式就基本设置完成。

Item	Price	Quantity	Total
Coffee mug	$10.00	5	$50.00
Polo shirt	$20.00	5	$100.00
Red stapler	$9.00	4	$36.00
Subtotal			$186.00
Shipping			$12.00
Total Due			$198.00

图 4-4

接下来，让我们来调整表格最后一行的样式。

4.1.3 使用:last-child加粗表格最后一行

现在的发货清单看起来已经很漂亮了，但某位经理希望表格底栏加粗以突出显示。我们可以使用last-child选择器完成这项需求，last-child获取元素组中的最后一个子元素。

对Web开发者而言，给段落应用一个下边距以使其间距均匀地分布，是一个通用的做法。这种方式会导致元素组的最后一个元素产生额外的下边距。例如，如果段落恰好位于一个侧边栏或标注框里面时，我们可能想要移除最后一个段落的下边距，以使最后一个段落的底部与侧边栏或标注框的边框间没有多余的间隔。last-child选择器很适合用于处理这样的场景。我们可以用last-child选择器来移除最后一个段落的下边距。

```
p{ margin-bottom: 20px }
#sidebar p:last-child{ margin-bottom: 0; }
```

我们采用同样的方式来加粗最后一行的内容。

css3_advanced_selectors/stylesheets/style.css

```
tr:last-child{
  font-weight: bolder;
}
```

接下来，对表格最后一列做同样处理。这也将突出显示"总计"一行。

css3_advanced_selectors/stylesheets/style.css

```
td:last-child{
  font-weight: bolder;
}
```

最后，我们结合使用last-child和后代选择器，以设置总计金额的字体，让其看起来更大一些。找出最后一行的最后一列，并按如下方式设置其样式。

css3_advanced_selectors/stylesheets/style.css
```
tr:last-child td:last-child{
  font-size:24px;
}
```

Item	Price	Quantity	Total
Coffee mug	$10.00	5	$50.00
Polo shirt	$20.00	5	$100.00
Red stapler	$9.00	4	$36.00
Subtotal			$186.00
Shipping			$12.00
Total Due			**$198.00**

图4-5

如图4-5所示，我们离成功只差一步了。接下来，还需要继续对表格的最后三行做些改进。

4.1.4 使用:nth-last-child反向遍历元素

我们想让表格中的"Shipping"（运费）行在运费打折时高亮显示。可以使用nth-last-child快速定位到该行。你在4.1.2节中已经明白了怎样使用nth-child和an+b公式来选择特定子元素。nth-last-child选择器的工作原理跟nth-child差不多，只不过它是反向遍历子元素，以最后一个子元素为起点。这使得该选择器很容易获取元素组中的倒数第二个元素。这正是此时处理发货清单表所需要的功能。

因此，要找到"Shipping"行，我们需要编写以下代码：

css3_advanced_selectors/stylesheets/style.css
```
tr:nth-last-child(2){
  color: green;
}
```

这里，我们选定了特定子元素，即倒数第二个子元素。

然而，还有一件事需要处理。早先我们右对齐了除第一列以外的所有列，尽管用于描述条目内容及价格的表格行看起来还不错，却让表格的最后三行看起来有点奇怪。接下来，我们也将底部三行的条目列右对齐。可以通过使用nth-last-child，并在公式中传入负的n值及正的b值偏移量，代码如下所示。

css3_advanced_selectors/stylesheets/style.css
```
tr:nth-last-child(-n+3) td{
  text-align: right;
}
```

你可以把它当作一个范围选择器；公式使用了偏移量3，由于我们用的是`nth-last-child`，因此，公式的效果就是获取表格底部位置、偏移量范围之内的每个元素（依次按倒数第三个元素到最后一个元素的顺序选择）。如果使用`nth-child`的话，就将获取表格顶部位置、偏移量范围之内的每个元素（依次按第三个元素到第一个元素的顺序选择）。

新样式的表格（如图4-6所示）看起来好看多了，而且无需改变任何基本标记。

Item	Price	Quantity	Total
Coffee mug	$10.00	5	$50.00
Polo shirt	$20.00	5	$100.00
Red stapler	$9.00	4	$36.00
		Subtotal	$186.00
		Shipping	$12.00
		Total Due	$198.00

图4-6   设置好样式的表格，完全使用CSS3来实现隔行着色和对齐效果

我们在这里用来完成任务的很多选择器，在IE（老版本）下是得不到支持的，因此，需要找到一个解决方案。

4.1.5   回退方案

当前版本的IE、Opera、Firefox、Safari以及Chrome完全理解这些选择器，但IE 8及更早版本的IE将完全忽略它们。你需要一个良好的回退方案来解决这个问题。就此，你可以做个选择。

1. 什么都不做

最简单的回退方案就是什么都不做。即使没有我们提供的额外样式设置，内容也是完全可读的，因此，我们可以不考虑IE 8用户。当然，如果什么都不做对你而言并不是一个好的办法，还有其他技术可供选择。

2. 改动HTML代码

能在各种浏览器下良好运行的大多数常见的解决方案都要改动基本代码。你可以给表格里的所有单元格设置类属性，并给每个类应用基本CSS。这是最坏的选择，因为它混用了展示代码及内容，而这正是我们使用CSS3时要极力避免的情况。如果有一天我们不再需要所有的额外标记了，移除这些类属性也将是非常痛苦的事情。

3. 使用Selectivizr库

jQuery库已经能够理解我们使用的大多数CSS3选择器，这样的话，可以考虑快速编写一个用来给表格设置样式的方法。但这还不是最容易实现的方案。

Keith Clark编写了一个很好的第三方库，叫作Selectivizr，为IE浏览器添加CSS3选择器支持。[①] 我们只需把它添加到页面中就可以了。

———————————
① http://selectivizr.com/

Selectivizr库可以在jQuery、Prototype或其他一些库中结合使用，但jQuery支持我们在这里用到的所有伪类。

要使用Selectivizr库，下载它并在HTML文档<head>位置添加引用链接。由于其只适用于IE浏览器，因此，我们需要将此引用链接放置在一个条件注释中，这样只有IE用户才会加载Selectivizr库。

css3_advanced_selectors/index.html
```
<script
  src='http://ajax.googleapis.com/ajax/libs/jquery/1.9.1/jquery.min.js'>
</script>
<!--[if (gte IE 5.5)&(lte IE 8)]>
  <script src="javascripts/selectivizr-min.js"></script>
<![endif]-->
```

注意在这里也加载了jQuery库，在这种特殊情况下，要在文档<head>位置添加jQuery的引用。考虑到页面还有可能在非IE浏览器中打开，所以最好不要在条件注释里添加jQuery引用。

随着回退方案的实现，表格在IE下也能很好地显示了，如图4-7所示。

Item	Price	Quantity	Total
Coffee mug	$10.00	5	$50.00
Polo shirt	$20.00	5	$100.00
Red stapler	$9.00	4	$36.00
		Subtotal	$186.00
		Shipping	$12.00
		Total Due	**$198.00**

图4-7　表格在IE浏览器下显示良好

虽然这个方案需要用户开启JavaScript支持，但这里的表格样式主要是为了让内容便于浏览。正如前面我们讨论的，缺少样式并不会影响用户读取发货清单表格数据。

有了高级选择器的支持，设置元素样式就变得非常容易，特别是在未被允许修改HTML代码的情况下（如出于使用框架、打包产品或办公室政治等原因）。设置界面样式时，应优先考虑语义分层并采用新式选择器，并尽量避免引入额外标记。这样一来，你会发现代码维护变得容易许多。

也可以通过CSS添加内容到Web页面，接下来将就此展开谈论。

4.2　实例 11：使用:after 和 content 生成打印友好的链接

CSS不仅可以设置存在元素的样式，也能够通过:before与:after伪元素，以及content属性向文档中注入内容。在有些业务场景中，都可以通过CSS来生成内容，最典型的莫过于当用户打印页面时，在链接文本的后面追加相应的URL地址。当你在屏幕上浏览文档时，就可以在链接上方悬停鼠标，同时观察状态栏就能够获悉这个链接的目的地。然而，如果你看的是页面打印稿，就无从得知这个链接到底是通往何处的。

AwesomeCo公司正在开发一个新的策略页面,改版小组的一位成员坚持要求在每次小组会议时打印出页面副本。他希望获悉页面上所有的链接地址,以便敲定是否需要更改。只需通过少量CSS代码,就可以添加上这个功能,并且它能够在IE 8、Firefox、Safari以及Chrome等各个浏览器上正常运行。

现在的页面只有一个链接列表,最终,我们会将其开发成一个完整的示例。

css3_print_links/index.html
```
<ul>
  <li>
    <a href="travel/index.html">Travel Authorization Form</a>
  </li>
  <li>
    <a href="travel/expenses.html">Travel Reimbursement Form</a>
  </li>
  <li>
    <a href="travel/guidelines.html">Travel Guidelines</a>
  </li>
</ul>
```
```
</body>
```
如果你观察这个页面的打印稿,会看到链接的文本,并带有下划线,但你无法知道这些链接究竟去向何处。接下来,我们来改进这个功能。

4.2.1 创建只适用于打印的样式表

当我们给页面添加样式表时,可以指定样式要应用的媒体类型。大多数情况下,我们使用screen类型。然而,我们还可以使用print类型来定义一个只在页面打印(或者用户使用打印预览功能)时才加载的样式表。

css3_print_links/index.html
```
<link rel="stylesheet" href="print.css" type="text/css" media="print">
```
用这个简单的规则创建一个print.css样式表文件。

css3_print_links/stylesheets/print.css
```
a:after {
  content: " (" attr(href) ") ";
}
```
以上CSS代码将在页面的每个链接文本后面都添加一对括号,括号里是相应的链接地址。用一个现代浏览器打印页面时,效果如图4-8所示。

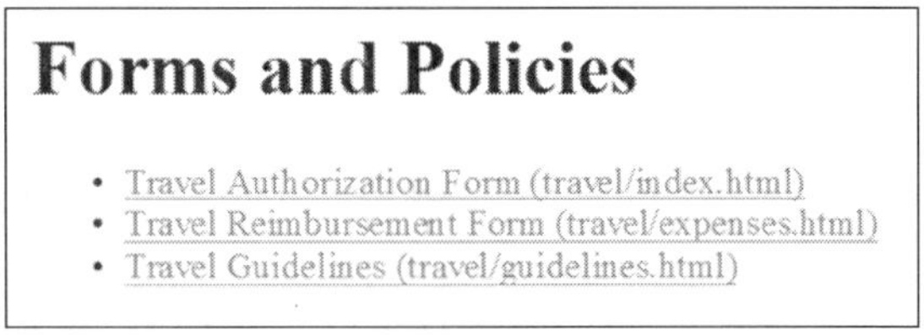

Forms and Policies

- Travel Authorization Form (travel/index.html)
- Travel Reimbursement Form (travel/expenses.html)
- Travel Guidelines (travel/guidelines.html)

图 4-8

如果想在不浪费纸张的情况下观察到它的效果，可以使用浏览器的打印预览功能，这同样会触发应用打印样式表效果。

版本8及以上的IE浏览器都支持以上这种追加文档内容的方式，所以无需考虑回退方案了。

4.2.2 双冒号语法

:before与:after伪元素是在CSS2.1规范中引进的。[①]在早期的草稿中，它们以双冒号的形式出现，如：

```
a::after{
  content: " (" attr(href) ") ";
}
```

这种语法在许多浏览器中无法得到支持，因此，规范呼吁浏览器厂商同时支持冒号及双冒号语法。

你也可以在其他方面应用content属性。比如，可以用它来给文本添加可视标签。一个普遍的用法就是借助content属性，在通向其他网站的链接后面添加"External Link"（外部链接）描述。请注意不要混淆了设计与内容的界限。CSS的content属性只应该用于设计相关的事项，并不注入实际的页面内容。

我们讨论了当Web页面发送给打印机时，如何让页面看起来与众不同。接下来，我们来看看如何基于屏幕尺寸来改变页面内容的外观呈现。

4.3 实例 12：使用媒体查询构建移动页面

到目前为止，我们已经能定义特定媒体的样式表，但一直局限于具体输出类型，正如在4.2节中看到的那样，只有定义了打印样式表，才可以使用:after和内容创建打印友好的链接。CSS3媒体查询功能可以基于用户使用的屏幕尺寸改变页面的呈现。[②]多年来，Web开发者一直使用JavaScript获取用户屏幕尺寸信息。但从现在开始，我们可以单独通过样式表来完成这些事情了。使用媒体查询可以判定以下内容。

[①] http://www.w3.org/TR/CSS21/generate.html#before-after-content

[②] http://www.w3.org/TR/css3-mediaqueries/

　　❑ 分辨率

　　❑ 屏幕方向（竖屏或横屏模式）

　　❑ 设备宽度与高度

　　❑ 浏览器窗口宽度与高度

　　正因为如此，媒体查询可以很方便地为各种屏幕尺寸的用户创建可供选择的样式表，同时，媒体查询还是响应式Web设计的关键技术组成部分，是创建网站的流行技术，可基于用户屏幕分辨率改变网站呈现与流动。诸如Bootstrap这样的流行框架大量依赖于媒体查询功能。①

\\//　　小乔爱问：

<　　**什么是Handheld媒体类型？**

　　正如 print 媒体类型用于打印机，Handheld 媒体类型则用于移动设备，但大多数移动设备都希望展现一个"真实的互联网"，因此，这些设备往往会忽略其他的媒体类型，转而采用 screen 媒体类型的样式表。

　　事实证明，AwesomeCo公司的行政人员最终厌倦了来自客户和员工的抱怨——Web页面在智能手机上看起来一团糟。市场总监希望看到2.1节中所构建博客模版的移动适配版本，我们可以很快做出一个原型出来。

　　当前的博客是两栏布局，带有一个主要内容区域和一个侧边栏。要让移动浏览器页面更具可读性的最简单的方式，就是移除浮动元素，让侧边栏沉到主要内容下方。这样做能避免使用者不得不横向滚动屏幕。

　　这是一个极其简单的响应式设计解决方案。要应用这种效果，可在博客样式表的底部添加以下代码：

```
css3_mediaquery/stylesheets/style.css
@media only screen and (max-device-width: 480px) {
  body{ width:480px; }
  nav, section, header, footer{ margin: 0 10px 0 10px; }

  #sidebar, #posts{
    float: none;
    width: 100%;
  }
}
```

你可以把媒体查询括号中的代码当作媒体类型自己的样式表，当满足查询条件时将被调用。

---

① http://twitter.github.com/bootstrap/

这里重新调整了页面body的尺寸，并将两栏布局转换成了单栏布局。

我们还可以在链接到样式表时使用媒体查询，因此可以将移动样式表放在单独的文件里，就像这样：

```
<link rel="stylesheet" type="text/css"
   href="stylesheets/mobile.css" media="only screen and (max-device-width: 480px)">
```

接下来，博客页面在小屏上就变得更具可读性，然而小屏幕的视口仍可放大。我们可以通过在Web页面的<title>标签下方添加viewport标签来解决这个问题。

css3_mediaquery/index.html

```
<meta name="viewport"
      content="width=device-width, initial-scale=1, maximum-scale=1">
```

图4-9显示了当前的页面样式。这个样式远不完美，却是一个良好的开端。

图4-9 博客页面在iPhone上的显示情况

可以通过这种方式为其他显示设备创建样式表，如查询设备、平板电脑，以使内容在其他平台上也能方便地阅读。但是，优先考虑为大屏进行页面内容设计、之后再试图为小屏缩小页面将导致一系列问题。最佳方式是"移动优先"，即先为小屏做设计，然后再为大屏添加更多的内容。这种方式将促使你对内容和用户做更全面深入的考量。

回退方案

媒体查询在Firefox、Chrome、Safari、Opera以及IE 9及以上版本中都能得到支持。考虑回退方案时，必须借助JavaScript的回退方案来加载针对用户设备的附加样式表。然而，在我们的示例中，目标设备是iPhone，因此不需要回退方案（因为使用的是Safari浏览器）——即使在没有媒体查询的情况下内容仍具备一定可读性。

优秀的第三方Respond.js库支持min-和max-width媒体查询[①]，这对IE 8而言是个极好的回退方案，但由于媒体查询对小屏以及不运行IE 8的设备而言是标准配置，因此在很多场景中，Respond.js库并不一定用得上。也就是说，你仍然可以使用媒体查询处理从小屏显示器到超大墙体显示器等各种屏幕尺寸上的呈现。

媒体查询功能让我们拥有了控制页面在各种屏幕尺寸上显示的强大能力。但有时在大屏上的内容显示区域确实太宽了，接下来，我们会讨论如何把这些内容区域分割成多栏。

4.4　实例 13：创建多栏布局

印刷业使用多栏排版有些年头了，Web开发者一直很向往多栏排版样式。窄细的多栏使得内容更易阅读，而且随着显示器变得越来越宽，开发者也在不断探索保持舒适列宽的方式。毕竟，人们阅读横跨整个报纸页面的单行文本内容已经够吃力了，如果是横跨整个显示器的多行文本恐怕就更难受了。在过去十年里有过不少巧妙的解决方案，但都不如CSS3规范提供的解决方案来得简单明了。

4.4.1　拆分栏

每个月AwesomeCo公司都要给员工发布一份简讯。该公司使用一个流行的基于Web的电子邮件系统来处理此事。通过电子邮件来发布简讯并不是一个非常好的方式，并且难以管理。因此，公司决定把简讯放到内部网站上，并把简讯信息的链接地址通过邮件发送给员工，员工可以点击链接并在浏览器中打开简讯页面浏览相关信息。简讯页面的模型如图4-10所示。

新来的传媒总监有印刷出版行业的背景，她决定将简讯Web页面由一栏改为两栏，使其更贴近纸版简讯信息的风格。

如果你曾试图使用div和浮动来分割文本内容到多栏中，就会知道这有多难！第一个大障碍就是确定在何处分割文本。在一些排版设计软件（如InDesign）中，可以把各个文本框链接在一起，这样在填充文本时，文本内容就可以流畅地填入链接好的文本区域。目前在Web领域还没有一个类似的处理方式，但现在我们终于有一个运作良好并易于使用的方案了。我们可以分割某个元素的内容到多栏中，其中每一栏的宽度相同。

---

① https://github.com/scottjehl/Respond

图4-10　单栏的简讯页面难以阅读，因为它实在太宽了

　　我们从简讯页面的标记着手。这是个相当简单的HTML代码。由于页面元素中的内容将随着最新简讯信息的写入而变化，因此，先用占位符文本来代表实际内容。

```
css3_columns/condensed_newsletter.html
<body>
  <div id="container">
    <header id="header">
      <h1>AwesomeCo Newsletter</h1>
      <p>Volume 3, Issue 12</p>
    </header>
    <section id="newsletter">
      <article id="director_news">
        <header>
          <h2>News From The Director</h2>
        </header>
        <div>
          <p>
            Lorem ipsum dolor sit amet...
          </p>
          <aside class="callout">
            <h4>Being Awesome</h4>
            <p>
              &quot;Lorem ipsum dolor sit amet, ....&quot;
            </p>
          </aside>
          <p>
            Duis aute irure dolor in ...
          </p>
        </div>
      </article>
```

```
<article id="awesome_bits">
  <header>
    <h2>Quick Bits of Awesome</h2>
  </header>
  <div>
    <p>
      Lorem ipsum dolor sit amet...
    </p>
  </div>
</article>
<article id="birthdays">
  <header>
    <h2>Birthdays</h2>
  </header>
  <div>
    <p>
      Lorem ipsum dolor sit amet...
    </p>
  </div>
</article>
  </section>
  <footer id="footer">
    <h6>
      Send newsworthy things to
      <a href="mailto:news@aweseomco.com">news@awesomeco.com</a>.
    </h6>
  </footer>
  </div>
</body>
```

要分割元素内容为两栏布局，需要在样式表中添加一些新的属性。

- ❑ column-count：指定使用多少栏（列）来分割内容
- ❑ column-gap：指定相邻两栏之间间隔多少空格
- ❑ column-rule：在相邻两栏间添加边框

将这些属性添加到样式表，以分割内容到两栏中去。

css3_columns/stylesheets/style.css

```
#newsletter{
  -webkit-column-count: 2;
  -webkit-column-gap: 20px;
  -webkit-column-rule: 1px solid #ddccb5;
    -moz-column-count: 2;
    -moz-column-gap: 20px;
    -moz-column-rule: 1px solid #ddccb5;
        column-count: 2;
        column-gap: 20px;
```

```
    column-rule: 1px solid #ddccb5;
}
```

图4-11展示了当前更具可读性的页面效果。

图4-11　基于两栏的全新简讯页面

我们还可以添加更多内容，浏览器会自动决定如何匀整地分割内容。同时请注意浮动元素在包含它的栏中依然浮动正常。

要让这些栏在各种浏览器中使用正常，我们就要多次定义相同的属性，针对每个浏览器的特定类型给每个规则属性添加不同的前缀。

4.4.2　特定厂商的前缀

当万维网联盟还在忙于考虑到底要给CSS规范添加多少新特性时，浏览器生产商早已自行添加了许多新特性，并决定给自家的实现打上前缀。其中的一些新特性实现最终成为了标准，固定前缀作为一种可行实践一直延续至今。这些前缀可以让浏览器生产商在某项特性成为最终规范的一部分之前先行引入进来，同时，由于这些新特性可能并未遵循规范标准，所以他们可以在保留既有实现的同时，继续开发符合当前规范的实现。大多数情况下，特定厂商前缀的版本是匹配CSS规范要求的，但偶尔也会有偏差。这就意味着你需要为每种浏览器类型多次声明属性。以下列出了最常用的厂商前缀。

- ❏ Firefox使用-moz-前缀
- ❏ Chrome和Safari，以及许多移动浏览器、较新版本的Opera，使用-webkit-前缀
- ❏ 老版本的Opera使用-o-前缀

但是，千万不要盲目使用这些前缀。由于浏览器实现了大部分的标准，多数情况下，在CSS代码中就没有必要使用这些前缀。请留意用户使用的浏览器类型，并从样式表中删减掉不再需要

的选择器。可以通过http://caniuse.com/这个网站来判断是否需要使用前缀。

可以为每栏指定不同的宽度吗?

不可以。每栏的宽度必须一致。起初我也有些惊讶,因此,我仔细检查了规范,在创作本书时,尚未就指定多种栏宽做出规定。

不过,如果你思考一下分栏的传统使用场景及其使用方式,就会明白等宽栏的意义所在了。分栏的目的不是要比表格更容易构建网站的侧边栏,而是在于让超长文本内容更易读,而等宽栏恰好能够完美地达成此目的。

4.4.3   回退方案

CSS3的分栏功能无法在IE 9及之前的版本中使用,由于缺失了分栏功能内容仍是可读的,因此不考虑回退方案也没什么问题。但如果你追求跨浏览器体验的一致性,可以考虑使用CSS3MultiColumn,它支持基本的多栏特性。[①]

只需在样式表加载语句后面加载它,剩余的工作就交给它了。由于该方案只针对IE 9及之前的版本,我们可以在条件语句中加载它以保证页面正常显示。同时,结合JavaScript一并解决IE 8无法识别HTML5新元素的问题。

css3_columns/newsletter.html
```
<!--[if lte IE 9]>
<script>
  // 解决IE 8无法识别HTML5新元素的问题,以设置HTML5新元素样式
  document.createElement("section");

  document.createElement("header");
  document.createElement("footer");
  document.createElement("article");
  document.createElement("aside");
</script>

<script src="javascripts/css3-multi-column.min.js"></script>
<![endif]-->
```

在IE中刷新页面,基于两栏的简讯页面如图4-12所示。

禁用JavaScript的用户将按之前的单栏方式阅读简讯页面,因此,所有的用户都兼顾到了。

---

① https://github.com/BetleyWhitehorne/CSS3MultiColumn

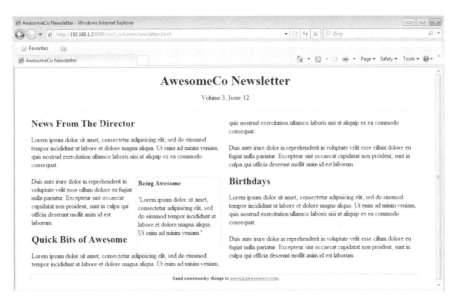

图4-12　基于两栏的IE版本简讯页面，需针对IE浏览器做小的调整

分割内容到多栏中，更有利于内容的可读性。但是，如果页面太长了，用户可能就会不得不滚动回顶部，以继续阅读下一栏中的内容。因此，请小心使用分栏功能。

4.5　未来展望

本章讨论的内容将有助于提升用户界面；如果浏览器不支持本章介绍的这些新特性，用户仍可以使用我们的产品，但表格将失去条纹效果，简讯页面也依旧是单栏样式，并且移动用户将不得不在手机上不断缩小和放大屏幕以看清楚页面内容。我们很高兴地发现，采用新的表现层技术就能高效达成提升可读性的目标，过往使用的那些JavaScript技巧，或者借助大量额外标记的更糟糕的做法，现在都可以舍弃了。

现在，除IE 8及以下版本的浏览器以外，几乎所有的浏览器都支持这些选择器。等到规范最终落地，特定厂商前缀如-moz-以及-webkit-等都将消失。当这一天到来时，就可以移除你的回退实现代码了。

第 5 章

构建可访问性界面

HTML5中新增的很多新元素能够帮助我们更准确地描述内容。在其他程序工具翻译我们代码时，这就显得尤为重要。对大部分人而言，读取Web页面的程序工具就是图形界面的Web浏览器，但别忘了那些需要通过别的方式跟我们的内容及应用交互的人。我们应该想办法让更多的用户能够访问我们的Web内容。

一些用户通过屏幕阅读器软件将屏幕上的图形化内容翻译成可以大声朗读出来的语音。将屏幕阅读器跟操作系统或Web浏览器结合起来，可以识别内容、链接、图片以及其他界面元素。视力正常的用户能轻松浏览内容页面，视障用户则可以让屏幕阅读器以自左而右、自上而下的方式为其朗读内容。

尽管屏幕阅读器技术取得了惊人进展，却仍无法很好地满足当前市场发展需求。对于通过轮询或Ajax请求技术来更新内容的Web页面动态区域，屏幕阅读器难以识别。由于屏幕阅读器需要高声朗读很多内容，因此，要想驾驭复杂的页面也并非易事。此外，屏幕阅读器是按顺序朗读页面元素的，这就导致诸如头部、导航区域以及页面顶部的所有小部件，在页面刷新时又会被重新识别并朗读一次。

Web Accessibility Initiative-Accessible Rich Internet Applications（WAI-ARIA，无障碍网页倡议–无障碍的富互联网应用程序）是一个关于无障碍网页应用的规范，就如何提升网站特别是Web应用程序可访问性、减少辅助工具使用者经常遇到的问题提供了一些方法。[1]如果你用JavaScript控件及Ajax技术开发应用系统，这个规范将带给你极大的帮助。WAI-ARIA规范的一部分内容已整合到HTML5规范中[2]，其余部分则独立存在，并作为HTML5规范的补充。很多屏幕阅读器都使用了WAI-ARIA规范中描述的特性，如JAWS、Window-Eyes等，甚至包括了Apple内置的VoiceOver功能。WAI-ARIA规范还引入了额外的一些标记，辅助工具可以使用这些标记作为检测可更新区域的提示。

在本章中，我们会看到HTML5以及WAI-ARIA特性是如何提升辅助工具使用者的用户体验的。尤

---

① http://www.w3.org/WAI/intro/aria.php

② http://www.w3.org/TR/html5/dom.html#wai-aria

其重要的是，本章所涉及的技术无需考虑回退方案，因为许多屏幕阅读器早就采用了这些技术。

我们接下来会讨论以下技术内容。

❑ role属性（`<div role="document">`）：向屏幕阅读器标明某个元素的作用（C 3、F 3.6、S 4、IE 8、O 9.6）。

❑ aria-live（`<div aria-live="polite">`）：标识一块自动更新的区域，如Ajax请求（F 3.6（Windows）、S 4、IE 8）。

❑ aria-hidden（`<div aria-hidden="true">`）：标识屏幕阅读器将忽略的区域（F 3.6（Windows）、S 4、IE 8）。

❑ aria-atomic（`<div aria-live="polite" aria-atomic="true">`）：标识活动区域的整个内容可读还是只有更新的元素可读（F 3.6（Windows）、S 4、IE 8）。

❑ `<scope>`（`<th scope="col">Time</th>`）：将表头与表格的列或行关联起来（所有浏览器）。

❑ `<caption>`（`<caption>This is a caption</caption>`）：创建表格标题（所有浏览器）。

❑ aria-describedby（`<table aria-describedby="summary">`）：将一段描述关联到某个元素（F 3.6（Windows）、S 4、IE 8）。

5.1 实例 14：使用 ARIA role 属性提供导航提示

大多数网站都使用一个通用的结构：一个头部区域、一个导航区块、几块主要内容以及一个页脚。这些网站开发时，基本上都是按从左到右、从上到下的顺序编写元素处理代码。但是，这就意味着屏幕阅读器不得不按这种顺序为用户朗读内容。由于大多数网站的每个页面都复用同一头部及导航，因此，用户在访问不同页面的过程中，就会一遍又一遍地听到对头部及导航内容部分的朗读。

推荐的解决方案是提供一个隐藏的"略过导航"链接，并让屏幕阅读器大声朗读出来，这个链接简单地指向主要内容区域附近的某个位置。但这并不是一个原生功能，同时，并非所有的开发者都懂得（或记得）如何实现该功能。

HTML5的role属性可以让我们指派一个"职责"给页面上的每个元素。屏幕阅读器可以轻松解析页面，为所有职责进行归类，并根据职责分类为页面创建一个简单的索引。例如，屏幕阅读器可以找出页面中的所有navigation（导航）角色并提供给用户，以便其能够在应用系统范围内快速导航。

这些角色源于WAI-ARIA规范，已被纳入HTML5规范中。[1]这些角色分为两类，你现在就可以加以利用：landmark（地标）角色以及document-structure（文档结构）角色。

---

[1] http://www.w3.org/TR/wai-aria/roles

5.1.1   地标角色

地标角色识别网站的"兴趣点",如广告条、搜索区或者导航区等屏幕阅读器可以快速识别的标记。

角　　色	用　　途
application	识别包含一个Web应用而非Web文档的页面区域
banner	识别页面中的广告条区域
complementary	标识页面上主要内容的补充性信息,它们具有自己的独立意义
contentinfo	识别关于内容的信息,比如版权信息、发布日期,等等
form	识别页面的表单区域,该表单由原生的HTML表单元素实现,或者使用超链接和JavaScript控件实现
main	识别页面主要内容区域的开始位置
navigation	识别页面的导航元素
search	识别页面的搜索区域

接下来,在2.1节生成的AwesomeCo公司博客模版中应用一些角色,在页面顶端的主头部区域,按如下代码方式应用banner角色。

html5_aria/blog/index.html

```
<header id="page_header" role="banner">
  <h1>AwesomeCo Blog!</h1>
</header>
```

所要做的就是添加role="banner"到现有的<header>标签中。

我们可以用同样的方式识别导航区域。

html5_aria/blog/index.html

```
<nav role="navigation">
  <ul>
    <li><a href="#">Latest Posts</a></li>
    <li><a href="#">Archives</a></li>
    <li><a href="#">Contributors</a></li>
    <li><a href="#">Contact Us</a></li>
  </ul>
</nav>
```

HTML5规范中提到某些元素具有默认的角色分配,并且不能被覆写。nav元素必须使用navigation角色,从技术上来说并不需要指定这个角色。但由于屏幕阅读器尚不能完全支持默认值,同时还有很多屏幕阅读器支持ARIA规范的角色定义,因此,为保险起见,我们做了具体指定。

主要内容及侧边栏区域的识别代码如下所示。

html5_aria/blog/index.html

```
<section id="posts" role="main">
</section>
<section id="sidebar" role="complementary">

  <nav>
    <h3>Archives</h3>
    <ul>
      <li><a href="2013/10">October 2013</a></li>
      <li><a href="2013/09">September 2013</a></li>
      <li><a href="2013/08">August 2013</a></li>
      <li><a href="2013/07">July 2013</a></li>
      <li><a href="2013/06">June 2013</a></li>
      <li><a href="2013/05">May 2013</a></li>
      <li><a href="2013/04">April 2013</a></li>
      <li><a href="2013/03">March 2013</a></li>
      <li><a href="2013/02">February 2013</a></li>
      <li><a href="2013/01">January 2013</a></li>
      <li><a href="all">More</a></li>
    </ul>
  </nav>
</section> <!-- 侧边栏 -->
```

我们在页脚区域使用contentinfo角色识别发布日期及版权信息，如下所示。

html5_aria/blog/index.html

```
<footer id="page_footer" role="contentinfo">
  <p>Copyright © 2013 AwesomeCo.</p>
</footer> <!—页脚区域 -->
```

如果博客页面有搜索区域，我们同样可以识别它。现在，我们使用了一些地标角色来识别我们的"兴趣点"，接下来会更进一步来识别一些文档元素。

> **小乔爱问：**
>
> **如果有了如nav和header这样的元素，还需要地标角色吗?**
>
> 可能地标角色看起来是多余的，却能为你提供所需的灵活度。在无法使用 HTML5 新元素的情况下，就可以使用地标角色。
>
> 使用 search 角色，可以把用户引导到页面搜索区域去，该搜索区域不仅包含搜索字段，还有网站地图的链接地址、"快速链接"的下拉列表，或者其他能够帮助用户快速找到信息的元素，而不是把用户引导到搜索字段上去。
>
> 规范引入了很多角色，比引入的新元素和表单控件要多。

5.1.2　文档结构角色

文档结构角色帮助屏幕阅读器轻松识别静态内容部分，这可以帮助我们为了导航的需要更好地组织内容信息。

角　色	用　途
article	识别作为文档独立部分的段落
definition	识别词条或主题的定义
directory	识别一组内容的引用列表，如目录，并用于静态内容
document	把区域识别为内容，而非Web应用
group	识别辅助工具无法在页面摘要中包含的用户界面对象集合
heading	识别标识页面区块的标题
img	识别包含图像元素的区块，它所包含的可能是图像元素、插图说明以及描述性文字
list	识别一组非交互列表项
listitem	识别一组非交互列表项中的某个具体项
math	识别一个数学表达式
note	描述资源主体内容的附加性或辅助性内容
presentation	识别可以被辅助工具忽略的用于呈现的内容
row	识别网格中的一行
rowheader	识别网格行头位置的单元格
toolbar	识别Web应用中的工具栏

许多角色已经被HTML标签隐式定义了，比如文章和标题。然而，document角色并未被HTML定义，这个角色非常有用，特别是在应用中混合了动态及静态内容的场景下。例如，基于Web的电子邮件客户端应用有可能将document角色附着到包含邮件信息主体的元素上。这样做意义重大，因为屏幕阅读器在处理键盘导航时通常会有不同的方式。当屏幕阅读器的焦点落在一个应用程序元素上时，可能需要在按键按下时进入Web应用程序。反过来，如果焦点落在静态内容上，屏幕阅读器就可以通过识别document角色让屏幕阅读器的按键处理别的动作。

我们可以在博客<body>标签上应用document角色：

html5_aria/blog/index.html

<body role="*document*">

这样可以确保屏幕阅读器把页面当成静态内容。

5.1.3　回退方案

这些角色已经能够用于最新的浏览器和屏幕阅读器，因此，现在就可以使用它们了。不支持这些角色的浏览器将会忽略它们，所以，需要在各种浏览器上的屏幕阅读软件中测试它们。不能以为把角色放到页面中就大功告成，必须确保它们在各种情况下都能正常工作。

出于试用目的，可以考虑使用JAWS（使用最广泛的屏幕阅读器）来进行测试。JAWS并不是免费的，但可以获取一个有时间限制的演示版 。[1]因为JAWS在每个浏览器上的行为都会有所不同，所以，你应该用IE、Firefox以及其他浏览器来测试它。

也可以考虑使用NVDA[2]，这是一个非常流行的免费开源的屏幕阅读器。

角色可以帮助屏幕阅读器识别页面上的重要区域或元素，同时，还能为屏幕阅读器提供元素当前状态的提示信息。由于现代应用程序往往包含动态内容，所以要及时通知屏幕阅读器页面的更新状况。接下来，就来讨论其中的奥妙。

5.2　实例 15：创建访问性良好的可更新区域

以往我们在Web应用程序开发过程中大量使用了JavaScript技术。流行的JavaScript框架如Backbone和Ember帮助我们开发出强大的单页面应用，生成的用户界面更具响应式特点，从而避免了页面刷新。[3].[4]在开发这些类型的页面时，通常的做法是呈现出某种视觉效果以通知用户页面产生了某些改变。然而，屏幕阅读器使用者看不到这些视觉上的信号。在以前，这些用户通常会禁止浏览器使用JavaScript，然后使用开发者提供的交互回退方案。但是2012年WebAIM的一个调查发现，有很多屏幕阅读器软件用户不再禁用JavaScript了。这就意味着他们使用了与他人一样的页面，因此，我们需要考虑在界面发生改变时通知这些用户。[5]

WAI-ARIA规范提供了一个很好的解决方案叫live region（活动区域）。当前各种主流屏幕阅读器软件都可以在IE、Firefox以及Safari中使用这个方案。

AwesomeCo公司联络部的执行董事希望做个新的主页。主页中分别添加服务内容、联系信息以及公司简介的链接。他坚持主页不能滚动，因为他认为"用户讨厌滚动"。他还希望实现一个页面原型，这个页面需要有一个水平菜单，并在用户点击菜单项时相应更改页面的主要内容。这很容易实现，结合`aria-live`属性，我们可以着手开展之前没能做好的一些工作——采取对屏幕阅读器用户友好的方式来实现这种类型的界面。

创建一个如图5-1所示的简单页面。我们将在主页放置所有的内容，如果没有禁用JavaScript，就将使用JavaScript来隐藏第一块内容以外的所有内容。通过定义锚来让导航链接指向相应的各部分内容，并通过jQuery在点击这些链接时触发事件，在事件中切换主要内容。这样，使用JavaScript的用户就可以看到预期效果，而那些无法使用JavaScript的用户仍能够看到页面的所用内容。特别是对于屏幕阅读器用户，他们就可以捕捉到页面的改变。

---

[1] http://www.freedomscientific.com/downloads/jaws/jaws-downloads.asp

[2] http://www.nvda-project.org/

[3] http://backbonejs.org/

[4] http://emberjs.com/

[5] http://webaim.org/projects/screenreadersurvey4/

AwesomeCo

Welcome   Services   Contact   About

Contact

The contact section

Copyright © 2013 AwesomeCo.

Home   About   Terms of Service   Privacy

图5-1   主页原型，通过jQuery改变主要内容

5.2.1   创建页面

我们先来创建一个基本的HTML5页面，并添加欢迎内容，当用户访问页面时，这将作为默认展示内容。带有导航工具栏及跳转链接的页面代码如下所示。

```
html5_aria/homepage/index.html
<!DOCTYPE html>
<html lang="en-US">
  <head>
    <meta charset="utf-8">
    <title>AwesomeCo</title>
    <link rel="stylesheet" href="stylesheets/style.css">
  </head>
  <body>
    <header id="header" role="banner">
      <h1>AwesomeCo </h1>
      <nav>
        <ul>
          <li><a href="#welcome">Welcome</a></li>
          <li><a href="#services">Services</a></li>
          <li><a href="#contact">Contact</a></li>
          <li><a href="#about">About</a></li>
        </ul>
      </nav>
    </header>
    <section id="content"
             role="document" aria-live="assertive" aria-atomic="true">

      <section id="welcome">
        <header>
          <h2>Welcome</h2>
        </header>
        <p>The welcome section</p>
      </section>
    </section>
```

```
    <footer id="footer" role="contentinfo">
      <p>Copyright © 2013 AwesomeCo.</p>
      <nav>
        <ul>
          <li><a href="#">Home</a></li>
          <li><a href="#">About</a></li>
          <li><a href="#">Terms of Service</a></li>
          <li><a href="#">Privacy</a></li>
        </ul>
      </nav>
    </footer>

  </body>
</html>
```

欢迎内容有一个名为welcome的ID，对应导航工具栏中的相应锚。我们以相同方式定义其他的页面内容。

html5_aria/homepage/index.html

```
<section id="services">
  <header>
    <h2>Services</h2>
  </header>
  <p>The services section</p>
</section>

<section id="contact">
  <header>
    <h2>Contact</h2>
  </header>
  <p>The contact section</p>
</section>

<section id="about">
  <header>
    <h2>About</h2>
  </header>
  <p>The about section</p>
</section>
```

以下标记包含了四块内容区域。

html5_aria/homepage/index.html

```
<section id="content"
         role="document" aria-live="assertive" aria-atomic="true">
```

这一行里的属性通知屏幕阅读器这块页面内容区域是可更新的。

接下来，添加CSS代码，创建我们所需的布局。这段CSS代码与设置博客的CSS代码类似。在stylesheets/style.css文件中，为\<body\>标签添加基本的样式。

html5_aria/homepage/stylesheets/style.css

```css
body{
  width: 960px;
  margin: 15px auto;
}

p{
  margin: 0 0 20px 0;
}

p, li{
  line-height: 20px;
  font-family: Arial, "MS Trebuchet", sans-serif;
}
```

然后添加设置头部区域水平导航条样式的CSS代码。

html5_aria/homepage/stylesheets/style.css

```css
#header{
  width: 100%;
}

#header > nav > ul, #footer > nav > ul{
  list-style: none;
  margin: 0;
  padding: 0;
}
#header > nav > ul > li, #footer > nav > ul > li{
  padding:0;
  margin: 0 20px 0 0;
  display:inline;
}
```

最后，设置页脚样式使其位于页面底部，且设置文本居中显示。

html5_aria/homepage/stylesheets/style.css

```css
footer#footer{
  clear: both;
  width: 100%;
  display: block;
  text-align: center;
}
```

现在，我们来看看当点击导航条上的链接时，如何改变相关的页面内容。

1. polite和assertive更新方式

在使用aria-live的情况下，有两种方式可用来提醒用户页面发生改变。polite方式不会对用户的使用造成干扰。比如，如果用户的屏幕阅读器正在读取一个句子而另一个页面区域有了更新，在采用polite方式（优雅方式）的情况下，屏幕阅读器仍会继续读取当前句子，直至读取完成。然而，如果采用assertive方式（独断方式），更新的区域将获得高优先级，屏幕阅读器就会中断原来语句的读取并开始读取更新的内容区域。开发网站时，合理使用中断方式很重要。过度使用assertive方式会让用户不堪其扰，所以不要轻易使用。在我们的示例中，assertive方式是恰当的选择（aria-live="assertive"），因为我们在某一时间内要独占显示一块区域的内容，并隐藏其他内容区域。

2. atomic更新方式

第二个属性设置是aria-atomic="true"，指示屏幕阅读器读取更新区域的全部内容。如果该属性设置为false，则通知屏幕阅读器只读取更新的节点内容。由于我们需要更换整块内容区域，因此，在这里通知屏幕阅读器读取所有内容是有道理的。如果只是更换单条列表项或用Ajax方式往表格中追加内容，可以考虑把该属性设置为false。

5.2.2 隐藏内容区域

要隐藏内容区域，需要编写一些JavaScript代码并添加到页面中。创建一个新文件application.js，然后同jQuery库一样，把它包含进页面。

html5_aria/homepage/index.html

```
<script
  src="http://ajax.googleapis.com/ajax/libs/jquery/1.9.1/jquery.min.js">
</script>

<script src="javascripts/application.js"></script>
```

application.js文件中的代码如下所示。

html5_aria/homepage/javascripts/application.js

```
Line 1  var configureTabSelection = function(){
          $("#services, #about, #contact").hide().attr("aria-hidden", true);
          $("#welcome").attr("aria-hidden",false);

     5    $("nav ul").click(function(event){
            var target = $(event.target);
            if(target.is("a")){
              event.preventDefault();
              if ( $(target.attr("href")).attr("aria-hidden") ){
     10          activateTab(target.attr("href"));
              };
```

5

```
        };
    });
};

var activateTab = function(selector){
    $("[aria-hidden=false]").hide().attr("aria-hidden", true);
    $(selector).show().attr("aria-hidden", false);
};

configureTabSelection();
```

在第2行，我们隐藏了服务内容、公司简介以及联系信息等区块。我们使用了aria-hidden属性，并设置属性值为true，隐藏相应各个区块。第3行给欢迎内容区块设置相同的属性，但属性值设置为false，以显示该区块。添加这些属性能够帮助辅助工具发现哪些元素被隐藏了，当处理信息展现与否时，通过这种方法我们很容易识别哪些区块需要隐藏或显示。

在第5行，我们捕捉导航条的点击事件；在第7行，判断点击的是具体哪个元素。如果点击了链接，则检查相应的区块是否已被隐藏。通过jQuery选择器，所点击链接的href属性能够帮助我们定位到相应区块，如第9行所示。

如果内容区块是隐藏的，就调用activateTab()方法，传入一个CSS选择器参数。该方法通过使用jQuery的hide()方法隐藏其他区块，然后使用show()方法显示所选区块。同时还交换了aria-hidden属性的值。

这就是我们要做的。现在，屏幕阅读器就能够捕捉到区块的改变。

5.2.3   回退方案

和角色一样，该解决方案已得到最新版本屏幕阅读器的支持。通过遵循最佳实践，例如不唐突的JavaScript实践原则，我们就可以轻松实现面向广泛用户的方案。通过JavaScript对用户页面进行更新时，可以在元素中加上ARIA角色，以便屏幕阅读器及时捕捉元素状态。

我们经常通过列表方式展示数据，接下来将讨论如何确保数据的可访问性。

5.3   实例 16：提升表格的可访问性

多年来，HTML表格的可访问性一直是令Web开发者痛苦的根源。对于视觉正常的用户而言，浏览表格、获取内容都是很容易的事情。但对于使用屏幕阅读器的用户来说，要想玩转表格会十分困难。更糟的是，在采用CSS进行页面布局之前，开发者往往使用表格来定义页面的各个区块。这给屏幕阅读器软件造成了巨大障碍，因为屏幕阅读器软件不得不概览表格并计算如何读取所需内容。即便在今天，也还存在一些依赖于表格进行页面布局的网站，这也促使HTML5规范为用于布局的表格创建了一个特别的ARIA角色。

```
➤  <table role="presentation">
     ...
   </table>
```

尽管使用表格来控制页面布局是一个可怕的方案，因为它混用了展示层和内容，但事实是，由于人们常常使用表格来进行页面布局，屏幕阅读器软件早已就此提供了非常好的导航方案。presentation角色就是解决这个问题的关键。

尽管现实中有了新的角色可供使用，但表格并非用于布局。表格设计的出发点是让我们展现列表数据，而根据表格的复杂度，我们可能要帮助屏幕阅读器为访问者提供更多内容。通过在表头和相关的行列之间设置更多的关联，来更清晰地组织表格内容，同时，我们还会为表格添加题注和描述。

AwesomeCo公司要在12月下旬举办年会，即AwesomeConf大会，网站上有一个页面将通过HTML表格来显示会议日程安排。由于以前在年会结束时的反馈调查中有参会者抱怨网站存在访问障碍，因此，这次年会网站要确保屏幕阅读器能够很好地识别该表格。下图以HTML表格的形式显示了当前大会的日程安排。

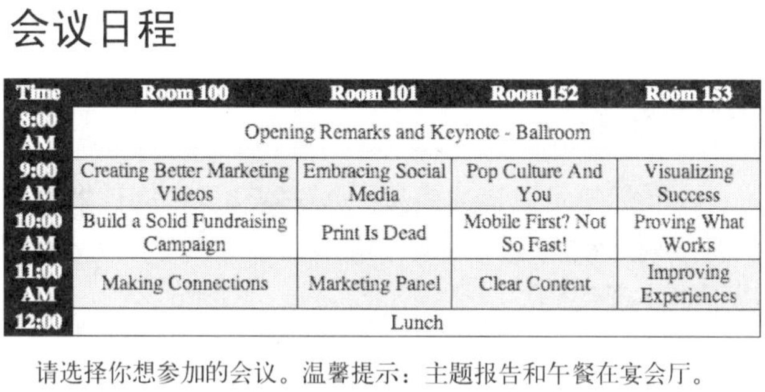

会议日程

请选择你想参加的会议。温馨提示：主题报告和午餐在宴会厅。

图5-2　AwesomeConf大会日程表页面

以下是当前页面的代码片段。

html5_accessible_tables/original_index.html

```html
<h1>Conference Schedule</h1>

<table>
  <tr>
    <th>Time</th>
    <th>Room 100</th>
    <th>Room 101</th>
    <th>Room 152</th>
    <th>Room 153</th>
  </tr>
  <tr>
    <th>8:00 AM</th>
```

```
    <td colspan="4">Opening Remarks and Keynote  - Ballroom</td>
  </tr>
  <tr>
    <th>9:00 AM</th>
    <td>Creating Better Marketing Videos</td>
    <td>Embracing Social Media</td>
    <td>Pop Culture And You</td>
    <td>Visualizing Success</td>
  </tr>
</table>
<section>
  <p>
    Use this grid to find the session you want
    to attend.  Note that the keynote and lunch
    are in the ballroom.
  </p>
</section>
```

这是一个相当标准HTML表格，但它在X轴和Y轴方向都有标题。当一些屏幕阅读器及浏览器配合使用时，这样做会出现问题。接下来我们会做些处理，让标题相关性在代码层面和屏幕阅读器的可访问性层面都变得更清晰。

5.3.1　把标题与列结合起来

对于简单表格而言，<th>标签足以描述表头。浏览器和屏幕阅读器使用一个稍微有些复杂的算法来定位标题关联的行或列。在更复杂的表格应用中，可以使用scope属性来精确指定标题关联哪一行或哪一列。以下是实现代码。

html5_accessible_tables/accessible_index.html

```
  <tr>
➤   <th scope="col">Time</th>
➤   <th scope="col">Room 100</th>
➤   <th scope="col">Room 101</th>
➤   <th scope="col">Room 152</th>
➤   <th scope="col">Room 153</th>
  </tr>

  <tr>
➤   <th scope="row">8:00 AM</th>
    <td colspan="4">Opening Remarks and Keynote  - Ballroom</td>
  </tr>

  <tr>
➤   <th scope="row">9:00 AM</th>
    <td>Creating Better Marketing Videos</td>
    <td>Embracing Social Media</td>
```

```
<td>Pop Culture And You</td>
<td>Visualizing Success</td>
</tr>
```

对于所有的列标题，我们指定scope="col"，而对行标题，使用scope=" row"。这可以让屏幕阅读器更容易关联到各个列或行，我们还可以通过更清晰地描述表格的作用来进一步提升表格的整体可访问性。

5.3.2　用题注和描述解释表格

如果使用表格来展示信息，最好在表格上方或底部设置标题来描述表格的作用。通过把表格标题放置在<caption>标签里，就可以让屏幕阅读器利用该题注更清晰地"读出"表格。如以下代码所示，我们把<caption>标签放在<table>开标签下面。

html5_accessible_tables/accessible_index.html

```
➤ <caption>
➤   <h1>Conference Schedule</h1>
➤ </caption>
  <tr>
```

 小乔爱问：
可以使用id和<headers>属性吗?

多年以来，分配唯一 id 给各个表头，然后在每个表格的单元格内通过<headers>属性引用 id，这种方法被视为关联表头及对应列的最佳实践，如以下代码所示。

```
<table>
  <tr>
    <th id="name">Name</th>
    <th id="email"></th>
  </tr>
  <tr>
    <td headers="name">Ted</td>
    <td headers="email">ted@puzzlesthebar.com</td>
  </tr>
  <tr>
    <td headers="name">Barney</td>
    <td headers="email">barney@puzzlesthebar.com</td>

  </tr>
</table>
```

对于有大量数据行的简单表格，这种方式并不会比使用 scope 带来更多好处，反而增加了大量的页面标记。这种方式更适用于非常复杂的表格，例如存在嵌套表头。如果要处理的表格的确如此复杂，你也应该首先考虑是否能用更易理解的方式来重新组织信息。

有时候一处题注并不足以描述表格的用途。我们可以使用aria-describedby角色来链接表格到页面的一段描述性内容上。此处的表格恰好有一个描述内容块，并已放在<section>标签内。接下来为<section>标签设置id属性。

➤　```
<section id="schedule_instructions">
  <p>
    Use this grid to find the session you want
    to attend. Note that the keynote and lunch
    are in the ballroom.
  </p>
</section>
```

添加**id**属性后，就可以让<table>标签引用描述内容区块了。

```
<table aria-describedby="schedule_instructions">
```

包含题注及附加描述后的表格可以帮助屏幕阅读器用户更清晰地理解表格上下文，同时为视力正常的用户大大提升易用性。各种浏览器早已支持<caption>元素，那些无法识别aria-describedby角色属性的浏览器会直接忽略<caption>元素，因此，没有理由不在数据表格中使用这些技术。

5.4　未来展望

HTML5和WAI-ARIA规范为实现更具访问性的Web应用铺平了道路。具备识别页面更新区域的能力后，开发者就可以创建更丰富的JavaScript应用，而不用太过担心可访问性的问题。由于易用性功能大大增强，前面提到的这些角色都已为Ember、jQuery Mobile以及其他许多流行的JavaScript框架所支持，也就是说，如果开发者使用这些框架来开发Web应用，就意味着自动创建了更具访问性的应用。
```

Part 2

新视角、新声音

在这一部分，我们将把注意力从前面的结构及界面转到使用 HTML5 和 CSS3 进行画图、播放多媒体文件以及创建我们自己的界面元素等方面。我们将从使用 HTML5 新的 <canvas> 标签画图着手，之后讨论 <audio> 和 <video> 标签。最后，介绍如何使用CSS3 来实现阴影、渐变、转换及动画等效果。

在浏览器中画图

6

以往，如果Web应用需要用到图像，我们通常会打开所选图像处理软件来创建一个图像，并通过<img>标签将其嵌入到页面中。如果需要动画，则会考虑Flash。HTML5的<canvas>元素（画布）能够帮助我们通过JavaScript编程方式在浏览器中创建图像甚至是动画。可以用<canvas>元素创建简单或复杂的形状和图表，而无需借助服务器端库、Flash或其他插件。正巧，本章将讨论形状和图表的实现。

首先，来了解如何使用JavaScript和<canvas>标签，在构建AwesomeCo公司的商标时，我们将绘制一些简单的形状。之后，使用与画布结合的图形库来创建有关浏览器统计数据的条形图。还将讨论一些常见问题的特定回退方案，因为画布更像是一个编程接口，而不只是HTML5元素。然后，实现SVG（Scalable Vector Graphics，可伸缩矢量图形）版本的商标，SVG是在浏览器中画图的另一种实现。我们将了解以下特性。

❑ <canvas>（<canvas><p>Alternative content</p></canvas>）：支持通过JavaScript创建位图（C 4、F 3、S 3.2、IE 9、O 10.1、iOS 3.2、A 2）。

❑ <svg>（<svg><!-- XML content --></svg>）：支持通过XML创建矢量图（C 4、F 3、S 3.2、IE 9、O 10.1、iOS 3.2、A 2）。

6.1 实例 17：在画布上绘制商标

对HTML5画布的探究从绘制简单的形状和线条开始。首先，在页面中放置一个<canvas>标签。<canvas>元素本身并不具备什么功能，添加它到页面中是为了呈现一个可以通过JavaScript进行绘图的空白画板。定义一个指定宽度和高度的画布，代码如下所示。

```
html5_canvas/canvas_simple_drawing.html
<canvas id="my_canvas" width="150" height="150">
  Fallback content here
</canvas>
```

不过，在不更改内容的情况下，我们无法使用CSS来控制或修改<canvas>元素的宽度及高度。因此，需要在声明画布的时候决定画布的尺寸，或者，通过程序方式来调整。

我们使用JavaScript在画布中画各种形状。即使为不支持<canvas>标签的浏览器提供了回退方案，仍需防止JavaScript代码操作画布元素。最好的方式是只有当浏览器支持<canvas>时，才运行相应的JavaScript代码。代码如下所示：

```
html5_canvas/canvas_simple_drawing.html
var canvas = document.getElementById('my_canvas');
if (canvas.getContext){
  var context = canvas.getContext('2d');

}else{
  // 显示画布隐藏内容，
  // 或者在元素中显示文本内容
}
```

通过id属性定位<canvas>元素，并调用其getContext()方法。如果获取到getContext()方法的返回值，我们就获取了画布的2D上下文，后面就可以添加对象了。缺少画布上下文是无法运行JavaScript代码的。一开始我们就考虑构建回退方案的处理代码部分，因为不像其他情况，如果试图在不支持<canvas>标签的浏览器中访问该上下文，用户将对JavaScript出错信息一览无遗。

一旦获取到画布上下文，就添加一些元素到该上下文中，这样，这些元素将会呈现出来。例如，添加一个红色方块的代码如下。

```
html5_canvas/canvas_simple_drawing.html
context.fillStyle = "rgb(200,0,0)";
context.fillRect (10, 10, 100, 100);
```

首先设置方块的填充色，然后创建方块自身。画布的2D上下文是grid（网格），左上角为默认坐标原点。如图6-1所示，当创建一个形状时，我们会指定横坐标及纵坐标的开始位置，以及形状的宽度和高度。

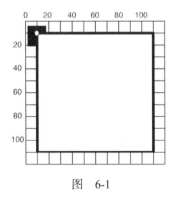

图 6-1

每个形状都会被添加到它所在的层里，因此，你可以创建三个方块，相互之间间隔10个像素点的偏移量，代码如下所示。

html5_canvas/canvas_simple_drawing.html
```
context.fillStyle = "rgb(200,0,0)";
context.fillRect (10, 10, 100, 100);
context.fillStyle = "rgb(0,200,0)";
context.fillRect (20, 20, 100, 100);

context.fillStyle = "rgb(0,0,200)";
context.fillRect (30, 30, 100, 100);
```
之后，这三个方块将依次堆叠在其他方块上，如图6-2所示。

图   6-2

我们完全可以在画布上通过简单形状、线条、弧线及文本的组合来创建复杂图像。接下来实现一个更复杂的示例，通过画布重新设计AwesomeCo公司的商标。这个商标很简单，如图6-3所示。

图6-3   AwesomeCo公司的商标

这个商标由一串文字、一条斜角路径、一个正方形以及一个三角形构成。创建一个新的HTML5文档来处理这个商标。为简单起见，我们将在这个文件中编写所有的实现代码。在**</body>**闭标签之前添加JavaScript代码块标记**<script></script>**，将商标开发代码包含其中。

html5_canvas/logo.html
```
<!DOCTYPE html>
<html lang="en">
  <head>
    <meta charset="utf-8">
    <title>AwesomeCo Logo Test</title>
  </head>
  <body>
      <script>
      </script>
  </body>
</html>
```
创建一个JavaScript函数来处理绘制商标的代码，该函数会检测画布2D上下文是否可用。

html5_canvas/logo.html

```
var drawLogo = function(){
  var canvas = document.getElementById("logo");
  var context = canvas.getContext("2d");
};
```

初次检测<canvas>元素是否存在之后，调用该函数，代码如下所示：

html5_canvas/logo.html

```
var canvas = document.getElementById("logo");

if (canvas.getContext){
  drawLogo();
}
```

我们寻找页面中ID为logo的元素，因此最好确保之前在文档中添加了<canvas>元素，以便能够找到它。

html5_canvas/logo.html

```
<canvas id="logo" width="900" height="80">
  <h1>AwesomeCo</h1>
</canvas>
```

接下来开始绘制商标。

6.1.1 绘制线条

我们通过一个"连点"的游戏来完成绘制线条的工作。在画布网格指定起始点，之后指定要移动到的其他点的坐标。随着在画布上不断移动，各个点也就被连接起来了，如图6-4所示。

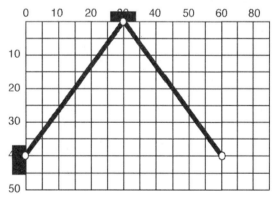

图   6-4

通过beginPath()方法开始绘制线条，然后创建路径。

html5_canvas/logo.html

```
context.fillStyle = "#FF0000";
context.strokeStyle = "#FF0000";

context.lineWidth = 2;
context.beginPath();
context.moveTo(0, 40);
context.lineTo(30, 0);
context.lineTo(60, 40 );
context.lineTo(285, 40 );

context.fill();
context.closePath();
```

在绘制之前，需要先为画布设置画笔色和填充色。画笔色是所绘制线条的颜色。填充色是诸如长方形、三角形等形状的内部填充颜色。可以把画笔色看作形状的边框颜色，而填充色是填充在形状里的颜色。

定义了路径上的所有点后，就可以调用stroke()方法来连接各点绘制线条。之后调用closePath()方法完成路径绘制。完整的线条如图6-5所示。

图 6-5

接下来给画布添加"AwesomeCo"文本信息。

6.1.2 添加"AwesomeCo"文本信息

在画布中添加文本信息之前，要先选定字体和字体大小。然后，在网格中的适当位置放置文本内容。在画布中添加"AwesomeCo"文本信息，代码如下所示。

html5_canvas/logo.html

```
context.font = "italic 40px 'Arial'";
context.fillText("AwesomeCo", 60, 36);
```

我们首先定义了文本的类型、大小及字体，之后再添加文本内容到画布中。通过使用fillText()方法，可以按先前设定的填充色对文本进行设置，同时，我们在（60, 36）的坐标点位置添加文本信息，以使文本内容靠右绘制，并位于大三角形的右边以及线条的上方，如图6-6所示。

图 6-6

接下来在大三角形内部绘制方块与三角形的组合图形。

6.1.3 移动原点坐标

要创建方块和三角形的组合图形，我们不会采用绘制路径的方式，而是先创建一个小方块，之后在方块上面放置一个白色三角形。绘制形状和路径时，可以指定从画布左上角原点开始算起的横坐标和纵坐标，也可以索性将原点移动到新的位置上。这为我们绘制新形状提供了便利，在这种情况下，就不用考虑新形状中各个点坐标的换算了。

移动原点坐标，绘制大三角形内部的小方块。

html5_canvas/logo.html
```
context.save();
context.translate(20,20);
context.fillRect(0,0,20,20);
```

小方块位于大三角形内部，如图6-7所示。

图　6-7

注意在移动原点之前，我们调用了save()方法。这将保存当前画布状态，以便于后期恢复。这就像一个回滚恢复点，你可以把它当作一个堆栈。每次调用save()方法，都会保存当前状态，并有一个新的状态起点。当完成所有操作时，我们将调用restore()方法，恢复堆栈最顶层保存点的状态。

现在，通过路径来绘制大三角形内部、叠放在小方块上方的三角形。我们不使用画笔，而是通过填充方法实现三角形切入小方块内的视觉效果。

html5_canvas/logo.html
```
context.fillStyle   = "#FFFFFF";
context.strokeStyle = "#FFFFFF";

context.lineWidth = 2;
context.beginPath();
context.moveTo(0, 20);
context.lineTo(10, 0);
context.lineTo(20, 20 );
context.lineTo(0, 20 );

context.fill();
context.closePath();
context.restore();
```

在画图之前，我们将画笔色和填充色都设置为白色（**#FFFFFF**）。此操作也覆写了前面设置

的颜色值。之后绘制线条，由于前面移动了坐标原点，因此，我们的操作将相对于前面绘制的小
方块的左上角（如图6-8所示）。

图   6-8

现在就得到了一个完整的商标，但我们还可以让它更引人注目。

6.1.4   为对象设置渐变效果

先为绘图工具设置画笔色及填充色，如以下代码所示。

html5_canvas/logo.html
```
context.fillStyle = "#FF0000";
context.strokeStyle = "#FF0000";
```

接下来创建渐变对象，并分配给画笔和填充对象。

html5_canvas/logo_gradient.html
```
var gradient = context.createLinearGradient(0, 0, 0, 40);
gradient.addColorStop(0,   "#AA0000"); // 暗红色
gradient.addColorStop(1,   "#FF0000"); // 红色
context.fillStyle = gradient;
context.strokeStyle = gradient;
```

我们创建了一个渐变对象，并设置渐变色的终点颜色。在这里，我们只在两种深浅度不同的
红色之间变化，但只要我们愿意，也可以设置多种颜色的渐变（但最好不是五颜六色的）。

要注意在绘制操作之前，必须设置颜色。

这时候，商标就算是真正做好了，我们对在画布上绘制简单形状有了进一步的认识。但是，
IE 9之前的版本不支持<canvas>标签。接下来考虑回退方案。

6.1.5   回退方案

Google发布了一个ExplorerCanvas库，可以让IE用户运行大多数使用<canvas>元素的应用程
序。[1]写作本书时，该库最稳定的版本为3.0，尚不能支持文本添加功能，且最新版是在2009年5
月发布的。从SVN库里下载该版本，这个库在大部分情况下运行良好，但在使用上仍有一些限制
（详情请参阅该库源代码）[2]。要使用ExplorerCanvas库，需要在<head>区块中包含它。

---

[1] http://code.google.com/p/explorercanvas/

[2] http://explorercanvas.googlecode.com/svn/trunk/excanvas.js

```
html5_canvas/logo_gradient.html
```

```
<!--[if lte IE 8]>
<script src="javascripts/excanvas.js"></script>
<![endif]-->
```

之后，在检测画布的代码之上添加以下代码。

```
html5_canvas/logo_gradient.html
```

```
    var canvas = document.getElementById("logo");

➤   var G_vmlCanvasManager; // 有了这行，非IE浏览器、IE9及以上浏览器就不会触发错误
➤   if (G_vmlCanvasManager != undefined) { // IE 8
➤     G_vmlCanvasManager.initElement(canvas);
➤   }
    if (canvas.getContext){
      drawLogo();
    }
```

这些代码强制将ExplorerCanvas库的行为附加到<canvas>元素之上。在使用ExplorerCanvas库之前，有时该库并不能很好地完成其DOM处理工作。如果使用了jQuery，并用drawLogo()方法取代jQuery的document.ready()，就不需要前面这些代码了。

经过上述改进之后，就可以在IE 8中体验画布功能了。

对于像这样简单的示例，我们也可以在<canvas>标签里放置一个PNG格式的商标图片，作为回退内容。这样一来，不支持<canvas>的浏览器就会显示这张图片。

现在,我们看到利用画布创建简单形状是多么简单,接下来将介绍画布的另一个功能——图表。

6.2 实例 18：使用 RGraph 实现图表统计

画布非常适合用于绘制图像。能使用JavaScript在画布上创建对象，就意味着也能用画布来处理数据可视化。接下来，使用画布创建一个简单的图表。

在Web页面中绘制图表有很多种方法。过去，开发者们一直使用Flash来开发图表，但Flash在一些移动设备上无法使用，如iPad和iPhone。一些服务器端解决方案也能用于图表开发，但在应用实时数据的过程中可能会导致服务器的CPU处理器密集计算。只要小心确保在老式浏览器中能够工作正常，像画布这样基于标准的客户端解决方案就是一个很好的选择。前面介绍了如何绘制正方形，但想要绘制更复杂的图形就需要更多的JavaScript代码了。我们需要第三方图形库来帮助提高开发效率，而RGraph库可以使得用HTML5画布来绘制图表变得非常简单。[①]RGraph是纯JavaScript解决方案，因此，它在禁用JavaScript的环境中无法工作。但反过来说，没有JavaScript的支持，画布也同样无法工作。以下是一个简单柱状图的示例代码。

---

① http://www.rgraph.net/

html5_canvas/rgraph_bar_example.html

```
<canvas width="500" height="250" id="test">[no canvas support]</canvas>

<script src="javascripts/RGraph.common.js" ></script>
<script src="javascripts/RGraph.bar.js" ></script>

<script type="text/javascript" charset="utf-8">
  var bar = new RGraph.Bar('test', [50,25,15,10]);
  bar.Set('chart.gutter', 50);
  bar.Set('chart.colors', ['red']);
  bar.Set('chart.title', "A bar graph of my favorite pies");
  bar.Set('chart.labels', ["Banana Creme", "Pumpkin", "Apple", "Cherry"]);
  bar.Draw();
</script>
```

我们要做的就是创建一些JavaScript数组来转载数据，然后使用RGraph在画布中绘制图表。实现效果如图6-9所示。

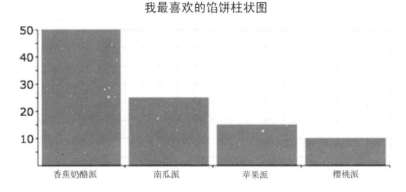

图6-9　使用画布实现的客户端柱状图

AwesomeCo公司正在更新公司网站，高官们想看到各个主流浏览器所带来的网站流量分布情况。后台程序员可以随时获取该数据，但首先他们希望我们能够想出一种在浏览器端呈现图表的方案，因此提供给我们一些测试数据。我们接下来就利用这些测试数据来生成图表。

6.2.1　使用HTML描述数据

可以使用JavaScript来硬编码浏览器的统计值，但只有开启JavaScript支持的用户才能看到这些值。因此，我们把这些值作为文本放在页面中。之后可以通过JavaScript读取这些数据并应用到RGraph图形库上。

html5_canvas/canvas_graph.html

```
<div id="graph_data">
```

```
<h1>Browser share for this site</h1>
<ul>
  <li>
    <p data-name="Safari" data-percent="10">
      Safari - 10%
    </p>
  </li>
  <li>
    <p data-name="Internet Explorer" data-percent="30">
      Internet Explorer - 30%
    </p>
  </li>
  <li>
    <p data-name="Firefox" data-percent="15">
      Firefox - 15%
    </p>
  </li>
  <li>
    <p data-name="Google Chrome" data-percent="45">
      Google Chrome - 45%
    </p>
  </li>
</ul>
</div>
```

我们使用HTML5数据属性存储浏览器名称及百分占比。虽然描述了文本信息，但由于我们不必解析字符串，所以，通过可编程方式实现本例功能要容易得多。

图6-10表明，即使没有图表功能支持，图表数据也能很好地显示并具备一定可读性。这就是无法使用<canvas>标签或JavaScript的移动设备及用户的回退方案。

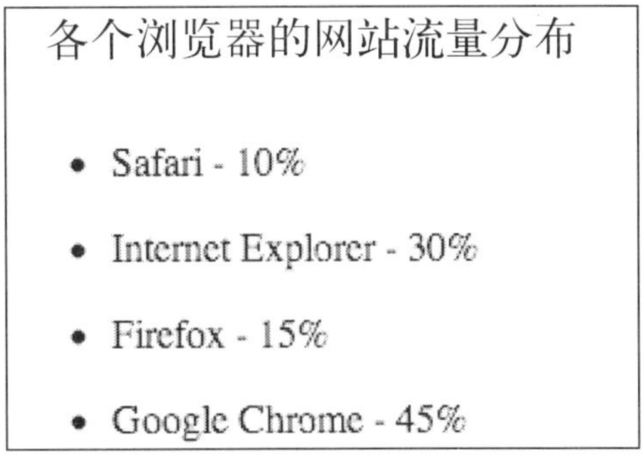

各个浏览器的网站流量分布

- Safari - 10%

- Internet Explorer - 30%

- Firefox - 15%

- Google Chrome - 45%

图6-10　HTML描述的图表数据

现在，利用数据属性来创建图表。

6.2.2　将HTML描述内容转换成柱状图

我们要提供一个柱状图，因此，在加载RGraph核心库的同时，还要加载RGraph柱状图库。此外，还要通过jQuery获取文档中的数据。接下来，创建javascripts/graph.js文件，并编写图表实现代码。

在</body>闭标签之前加载各种库。

html5_canvas/canvas_graph.html

```
<script
  src="http://ajax.googleapis.com/ajax/libs/jquery/1.9.1/jquery.min.js">
</script>
<script src="javascripts/RGraph.common.js" ></script>
<script src="javascripts/RGraph.bar.js" ></script>
<script src="javascripts/graph.js" ></script>
```

要创建图表，就要从HTML文档中获取图表标题、标签说明以及数据，并将这些信息传递给RGraph库。RGraph将标签及数据存放在数组中。我们可以通过jQuery快速创建这些数组。在javascripts/graph.js文件中编写以下代码。

html5_canvas/javascripts/graph.js

```
Line 1   var canvasGraph = function(){
  -        var title = $('#graph_data h1').text();
  -        var labels = $("#graph_data>ul>li>p[data-name]").map(function(){
  -            return this.getAttribute("data-name");
  5        });
  -        var percents = $("#graph_data>ul>li>p[data-percent]").map(function(){
  -            return parseInt(this.getAttribute("data-percent"));
  -        });
  -        var bar = new RGraph.Bar('browsers', percents);
  10       bar.Set('chart.gutter', 50);
  -        bar.Set('chart.colors', ['red']);
  -        bar.Set('chart.title', title);
  -        bar.Set('chart.labels', labels);
  -        bar.Draw();
  15       $('#graph_data').hide();
  -    }
```

首先，在第2行获取图表抬头文本信息。接下来，在第3行获取所有带有data-name数据属性的元素。通过jQuery的map()方法将这些元素的data-name数据属性值转换到一个数组中。

第6行，按照同样的方式获取百分占比，并生成百分占比数组。

第7行，强制转换data-percent数据属性值为整型。我们也可以使用jQuery的data()方法，读取HTML5的数据属性并自动转换数据属性值为合适的数据类型。

完成数据整理后，用RGraph绘制图表就变得很容易了。效果如图6-11所示。

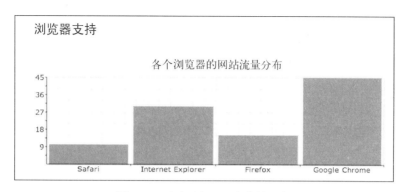

图6-11　通过画布呈现出来的图表

6.2.3　显示替代内容

对于6.2.1节中的HTML5描述内容，可以把内容处理代码放在<canvas>标签中。这将在支持canvas元素的浏览器中隐藏相应的描述内容元素，而在不支持canvas元素的浏览器中显示这些内容元素。然而这样会存在一个问题：如果用户的浏览器支持canvas元素却禁用了JavaScript，描述内容元素也会被隐藏起来；同时，由于禁用了JavaScript，导致图表也无法显示，这时候就既看不到描述内容，又看不到图表。

我们把HTML5描述内容放在<canvas>标签外部，然后在检测到浏览器支持canvas元素的情况下，就通过jQuery隐藏HTML5描述内容（在禁用JavaScript的情况下，通过jQuery隐藏HTML5描述内容的代码根本不会起作用，所以，这时候HTML5描述内容还是显示的）。我们使用标准的JavaScript代码而非Modernizr库来检测浏览器对canvas元素的支持情况，因为这很容易实现。

```
html5_canvas/javascripts/graph.js
var canvas = document.getElementById('browsers');
if (canvas.getContext){
  canvasGraph();
}
```

通过上述代码实现，我们的图表就完成了（但还无法在不支持<canvas>标签的浏览器中工作）。

6.2.4　回退方案

在创建方案之时，我们已考虑了可访问性及禁用JavaScript场景下的回退方案，但图表目前还无法在IE 8中显示，因为IE 8并不支持<canvas>标签。

ExplorerCanvas库（参见6.1.5节）和RGraph可以很好地结合使用。只需在<head>中添加ExplorerCanvas库（excanvas.js）的引用，图表就可以在IE 8里正常工作了。然而，如果遇到了IE 7

或更老的版本，就不得不考虑别的替代方案了。

　　另外，由于ExplorerCanvas库需要在<head>中添加，因此，如果以错误顺序加载它，有时会引起冲突。在我们的例子中，ExplorerCanvas会修改DOM，但并不总是按我们所希望的那样及时修改。有两种方式来避免这种情况：(1)使用6.1.5节回退方案里的配置方式，强制ExplorerCanvas识别canvas元素；(2)通过jQuery的$(document).ready()方法调用canvasGraph()函数。这将确保JavaScript代码可以真正控制文档。我们已经使用了jQuery，因此，只需对代码稍作调整即可。

html5_canvas/javascripts/graph.js

```
➤ $(document).ready(function(){
    var canvas = document.getElementById('browsers');
    if (canvas.getContext){
      canvasGraph();
    }
➤ });
```

现在，程序在IE 8上也能够运行正常了！

　　使用画布技术有一个额外的好处，它让我们一开始就考虑回退方案，而不用到最后再来补充些什么。这可以大大提高应用的可访问性。本例中讨论的思路对图表数据而言，极具可访问性，并且是非常通用的方法。你可以像基于文本的处理方案那样，轻松创建可视化展现方案。通过可视化图表，任何人都能理解你所分享的重要数据。

　　接下来，我们来了解一种完全不同的、在浏览器中绘制图像的方法。

6.3　实例 19：使用 SVG 绘制矢量图形

　　我们并不局限于只在画布中绘制图形。HTML5文档还支持可缩放矢量图形（Scalable Vector Graphics，SVG），SVG并不使用JavaScript来绘制线条或形状，而是通过XML来定义线条、曲线、圆形、矩形以及多边形。SVG生成的图形是真正的矢量图形，也就是说，和位图这样的像素成像技术不同，SVG通过公式来定义线条或其他形状。这也意味着区别于通过画布绘制的位图，我们可以任意缩放矢量图形而不会降低画面清晰度和品质。

　　接下来学习SVG绘图技术，我们将使用SVG的XML语法重新绘制之前完成的AwesomeCo公司商标（位图版）。

　　首先，创建一个简单的HTML结构页面，其中放置一个<svg>元素。

html5_svg/index.html

```
<!DOCTYPE html>
<html lang='en'>
  <head>
    <meta charset="utf-8">
```

```
    <title>AwesomeCo Logo Test</title>
  </head>
  <body>
    <script type="image/svg+xml">
      <svg id="awesomeco_logo" width="900" height="80">
      </svg>
    </script>
  </body>
</html>
```

我们在使用image/svg+xml内容类型的<script>标签内定义<svg>标签。这将确保在浏览器解析HTML页面元素时忽略SVG内容。在<svg>标签内还指定了SVG元素的高度和宽度。<svg>开闭标签之间放置的是用于定义图像的XML（后面会创建它）。

6.3.1 绘制线条

先来绘制文本信息下面的主线条。通过画布绘制线条时，我们采用的是路径绘制的方式，而在SVG中，则使用<polyline>元素来创建带角度的线条。通过以下代码，可以生成一个带角度的主线条。

html5_svg/index.html
```
<polyline id="line"
          points="0,40 30,0 60,40 285,40"
          style="fill:none;stroke:rgb(255,0,0);stroke-width:2">
</polyline>
```

正如画布一样，SVG绘图方式也是以坐标轴为基础，其左上角为(0, 0)坐标。我们通过<polyline>元素绘制线条，并指定了一系列的点。从(0, 40)坐标点位置开始，之后移动到(30, 0)坐标点，这样就创建了线条的第一部分。然后移动到(60, 40)坐标点，最后结束于(285, 40)坐标点。

我们同时设置了style属性，以设置线条的画笔宽度和颜色。运行代码，绘制的线条如图6-12所示。

图　6-12

接下来，添加文本信息。

6.3.2 添加文本信息

使用<text>标签定义所放置的文本信息。通过带有相同前缀名称"font-"的属性指定字体系列、大小、样式以及粗细等属性值。

在<text>标签中，放置<tspan>元素以创建实际文本块。通过设置<tspan>元素的x和y属性来设置它的位置，并在<tspan>开闭标签中放置需要显示的文本内容。编写如下代码，让文本内容按照我们希望的方式呈现出来。

```
html5_svg/index.html
<text id="AwesomeCo"
      fill="rgb(255,0,0)"
      font-family="Arial" font-size="40"
      font-style="italic" font-weight="normal">
    <tspan x="60" y="36" fill="rgb(255,0,0)">AwesomeCo</tspan>
 </text>
```

文本在商标的恰当位置上呈现了出来，如图6-13所示。

图　6-13

接下来，绘制大三角形内部的小方块。

6.3.3　绘制形状

SVG定义了圆形、椭圆，乃至不规则的多边形。在这里，需要一个正方形，因此，我们通过<rect>标签来实现它。要创建正方形，需要先指定其坐标以及宽度和高度。

```
html5_svg/index.html
<rect id="square"
      x="20" y="20" height="20" width="20"
      style="fill:rgb(255,0,0)"></rect>
```

如之前使用<polyline>元素那样，我们通过style属性定义了画笔及填充样式。这样，我们的商标就成型了（如图6-14所示）。

图　6-14

现在，只剩下一个白色小三角形亟待完成。

6.3.4　通过路径进行手工绘制

可以使用<polygon>标签定义一个三角形，但在这里，我们将使用与前面在<canvas>版商标上绘制三角形时相似的方式。这种方法和<canvas>版中的方法非常类似，不同之处在于

<canvas>版通过一系列步骤进行路径绘制，而在SVG中，我们把动作和坐标点结合起来逐个放入坐标数组中，数组元素间以空格隔开。这跟前面定义<polyline>元素时的做法很相似。

通过d属性来定义如何绘制线条。先定义线条的起点，之后连接线条中的每个点。由于所绘制的是三角形，绘制过程将在起点处结束，以将最后一个点与第一个点相连，代码如下所示。

---

html5_svg/index.html
```
<path id="Triangle"
      d="M20,40 L30,20 L40,40 Z M20,40"
      fill="rgb(255,255,255)"></path>
```

我们使用M移动到起点处。使用L指定线条中的某个点，并通过Z关闭路径，这就表明起点跟终点连接起来了，以便填充形状内容。可以把这些操作想像成前面的"连点"游戏。移动画笔到起点上，然后连线到下一个点，以此类推。

编码完成后，最终的商标效果如图6-15所示。

图 6-15

这里的实现代码直接嵌入到HTML文档中，实际上，SVG文件不必这样做。它可以以外部文件的形式存在，只要浏览器支持，甚至可以像在CSS中加载背景图片那样加载它。

SVG与画布这两种绘图技术虽然很相似，但有了SVG绘图技术，我们也就拥有了在独立文件中定义图像并把文件加载到HTML文档的能力。这个特性赋予我们很大的灵活度。然而，跟画布绘图技术一样，SVG绘图技术也不是一种可编程方式。它更适合用于商标及非动态内容，而画布图像更适合于游戏。掌握这两种绘图技术后，你可以不断探索，找出最适合你的方式。

6.3.5　回退方案

不支持SVG图像的浏览器可以使用很多回退方案。其中最简单的就是SVG Web [1]，它提供了SVG 1.1的部分支持，并通过Flash技术来呈现SVG图像。

要使用SVG Web，需要先下载它并把svg.js及svg.swf文件放在javascripts目录中。之后在Web页面的<head>部分通过<script>标签加载svg.js，代码如下所示。

---

html5_svg/index.html
```
<script src="javascripts/svg.js" data-path="javascripts"></script>
```

这样，我们的回退方案就能发挥作用了。

---

[1] https://code.google.com/p/svgweb/

6.4 未来展望

掌握一些画布绘图技术之后，你可以进一步探索其他用法。还可以通过这些方法并借助Impact①或者Crafty②等库来创建游戏，或者创建媒体播放器界面以及增强型相册等应用。使用画布绘图，所需要的只是一点JavaScript代码以及一点想象力。随着浏览器对HTML5的支持越来越广泛，HTML5的绘图性能及速度必将不断增强。

但是，2D绘图不应该是画布绘图技术发展的终点。HTML5画布规范同样也支持3D图像，浏览器厂商也正在实现硬件加速功能。画布让仅用JavaScript技术就能开发出迷人的用户界面及游戏成为可能。可深入研究D3库（李松峰译，http://www.ituring.com.cn/book/1126），看看还可以实现哪些惊艳的效果。③、④

对于SVG绘图技术，Raphaël这样的库能够帮助开发者创建强大且跨浏览器支持的可视化界面及图像。⑤最重要的是，像Adobe Illustrator这样的工具能够帮助你把矢量图导出为一个可用于Web项目的SVG文件。随着对SVG技术的支持能力不断提升，创建能够随设备尺寸比例缩放的图像都将变得更容易。全世界有那么多的用户需要交替使用小的手机屏幕和大的桌面屏幕，有这么一种按比例放大或缩小都不会失真的图像存在，真是太好了！

---

① http://impactjs.com/
② http://craftyjs.com/
③ http://threejs.org/
④ 想要了解D3库，推荐阅读《数据可视化实战：使用D3设计交互式图表》（人民邮电出版社，2013年6月）一书，链接为http://www.ituring.com.cn/book/1126。——译者注
⑤ http://raphaeljs.com

嵌入音频和视频

音频和视频是现代互联网发展过程中不可或缺的要素。播客、音频预览以及视频教程等相关应用随处可见。但直到几年前,有了Flash等浏览器插件技术的支持,音频和视频技术才真正得以应用。在本章中,我们将介绍HTML5中新的音频和视频支持功能,相关方法不仅可以嵌入音频和视频内容至页面中,还能确保老式浏览器用户及残障人士也能够使用。

本章将讨论以下HTML5新特性。

- ❑ <audio>(<audio src="drums.mp3"></audio>):浏览器原生支持的音频播放功能(C 4、F 3.6、S 3.2、IE 9、O 10.1、iOS 3、A 2)。
- ❑ <video>(<video src="tutorial.m4v"></video>):浏览器原生支持的视频播放功能(C 4、F 3.6、S 3.2、IE 9、O 10.5、iOS 3、A 2)。
- ❑ <source>(<source src="video/h264/01_blur .mp4" type='video/mp4'>):指定音频或视频的来源文件(C 4、F 3.6、S 3.2、IE 9、O 10.5、iOS 3、A 2)。
- ❑ <track>:为视频提供字幕或提示点(C 18、S 6.1、IE 10)。

了解新特性之前,我们先来回顾一下音频和视频的Web发展史。毕竟,只有先了解了历史,才能对目标有更清晰的认识。

7.1 历史回顾

长期以来,人们一直在研究如何在Web页面上更好地提供音频和视频支持。起初,人们在主页中嵌入MIDI或者MP3文件,并使用<embed>标签引用这些文件,如以下代码所示。

```
<embed src="awesome.mp3" autostart="true"
  loop="true" controller="true"></embed>
```

<embed>标签从未成为标准,因此,人们就开始用<object>标签取代它。<object>标签是一个公认的W3C(万维网联盟)标准,老式浏览器并不支持这个标签,所以你经常会看到<object>标签里嵌套了一个<embed>标签,如下所示。

```
<object>
<param name="src" value="simpsons.mp3">
```

```
<param name="autoplay" value="false">
<param name="controller" value="true">
<embed src="awesome.mp3" autostart="false"
  loop="false" controller="true"></embed>
</object>
```

然而，并非每个浏览器都能够正常运行这段代码，也不是所有的服务器都能得到正确配置，并为浏览器端代码的正常运行提供良好支持。随着Web上的视频应用日趋流行，事情变得更加复杂起来。在Web领域，我们历经了太多的音频及视频播放格式，从RealPlayer到Windows Media、再到QuickTime。每个公司都有自己的视频战略，似乎每一个Web站点都会使用不同的视频编码方式和格式。这就为开发者和内容制造商带来了麻烦，而对普通用户而言，这简直是噩梦！

Macromedia公司（已被Adobe公司收购）早就意识到它的Flash Player可以成为跨平台分发音频及视频内容的完美解决方案。Flash曾在桌面Web浏览器的音频及视频播放市场中获得近97%的占有率。一旦内容制造商发现他们的内容只需编码一次就可以到处播放，成千上万网站的音频及视频解决方案就都转向了Flash流媒体技术。

2007年，苹果公司决定不再在它们的产品iPhone和iPod Touch（以及后面的iPad）中支持Flash。因为iOS平台的广泛流行，许多主流内容提供商，包括YouTube，纷纷采取措施保证视频内容可以在iOS的Safari浏览器中正常播放。这些视频应用采用了H.264编解码技术，该技术既支持常用的Flash Player，又允许内容提供商针对多平台支持仅需编码一次。

HTML5规范的制定者认为浏览器应该原生提供音频和视频支持，而不是依靠需要一堆HTML5引用代码的浏览器插件来满足调用请求。浏览器应该把音频和视频支持功能当作Web内容领域的"一等公民"，就像前面讨论的静态图像那样。接下来，在介绍如何在页面中嵌入音频及视频之前，我们先来讨论一下有关的音频及视频格式。

7.2   容器与编解码器

谈及Web上的视频应用，实际上是指容器及编解码器技术。你可能会把从数码相机里导出的AVI或MPEG文件当作视频，但这种想法未免过于简单。容器就像一个信封，用来封装音频流、视频流，以及常用的附加元数据（如副标题）。这些音频及视频流需要进行编码，这就是编解码器的用途所在。音频和视频编码方式多达数百种，但关乎HTML5音频和视频支持的只有寥寥几种。

7.2.1   视频编解码器

当你观看一个视频，视频播放器必须对视频进行解码。不幸的是，由于有些视频使用了播放器不支持的其他格式进行编码，那么相应的，你的播放器也就无法对其进行解码，因此你也就无法观看此类视频了。某些播放器通过软件解码视频，这种方式导致播放速度变慢，且增加了CPU

的密集计算，但却能够支持更广泛的各种格式。其他的一些播放器使用硬件解码器，因此对视频格式有特定限制。现在，如果你想在工作中开始尝试HTML5的标签，你就需要了解三大流行视频格式：H.264、Theora以及VP8。这些格式相互间都有一些不同，并且很不幸，各家的浏览器又分别支持不同的格式。

视频编解码器	浏览器支持
H.264	C 3、F 21（Windows 7+）、S 4、IE 9、iOS
Theora	F 3.5、C 4、O 10
VP8	C 5、F 4、S 6和IE 9（如果安装了编解码器）、O 10.7

1. H.264

H.264是一个高品质视频编解码器，由MPEG专家组创建，并于2003年实现标准化。为了既能支持移动电话这样的低画质或低频宽设备，又能在高画质设备上处理视频，H.264规范被划分为多个配置部分，所有配置共用一套公共特性，但高端配置标准提供了提升品质的附加条款。例如，iPhone和Flash Player都可以播放按H.264标准编码的视频，但最初的iPhone只支持低品质的baseline配置，而Flash Player则支持高品质的流媒体。还可以对视频进行一次编码并嵌入多个配置，以实现多平台支持。

由于得到了微软及苹果的支持（这两家公司都获得了使用许可），H.264已成为一个约定俗成的标准。此外，Google的YouTube将其视频转换为H.264标准，以支持iOS平台；Adobe的Flash Player本就支持H.264标准。但是，H.264标准并不是一个开放的技术。它需要专利授权，并受限于许可证有效期。内容制造商在使用H.264进行视频编码时必须缴纳一部分版税，但这些版税并不针对那些免费提供给最终用户的内容 。[①]

自由软件支持者担心专利持有者最终会向内容制造商收取高额版税，这种担心促成了替代的编解码器技术的发展。

2. Theora

Theora是由Xiph.org基金会开发的一个免版税的编解码器技术标准。虽然内容提供商通过Theora编解码器技术标准创建出来的视频品质可以跟通过H.264创建出来的视频相媲美，但是设备制造商对Theora编解码器技术标准的支持进程比较缓慢。Firefox、Chrome以及Opera的各个平台版本都可以无需借助其他软件，直接播放通过Theora编码的视频，但IE、Safari以及iOS设备并不支持Theora标准。苹果和微软都比较担心潜水艇专利（submarine patent）——指专利申请者故意延迟专利成立，使其长期处于未公开状态，等待利用其技术产品的广泛普及。待时机成熟，专利申请者就浮现出来，并开始向毫无戒心的市场开刀，索要巨额专利费用。因为这个因素，Theora就没有流行起来，并逐渐为VP8格式所取代。

---

① http://www.reelseo.com/mpeg-la-announces-avc-h264-free-license-lifetime/

3. VP8

Google的VP8是一个开放的编解码器技术标准，其品质与H.264标准相当。目前，Mozilla、Chrome、Opera都支持VP8标准。另外，只要用户事先安装了相应的编解码器，Safari 6以及IE 9也可以支持该标准。同时，Adobe的Flash Player也将VP8标准作为一个合适的替代方案而给予支持。iOS设备的Safari则不支持VP8标准，这样就意味着尽管这个编解码器技术是免费提供使用的，但内容提供商要想在iPhone或iPad上分发视频内容就必须使用H.264编解码器技术。此外，VP8还可能侵犯了跟H.264编解码器技术标准相关的一些专利 。[①]

7.2.2　音频编解码器

好像视频标准的对立情况还不够复杂，好吧，我们还得继续面对音频标准的对立情况。各种音频标准及所支持的浏览器情况如下。

音频编解码器	浏览器支持
AAC	S 4、C 3、iOS
MP3	C 3、S 4、IE 9、iOS
Vorbis（OGG）	F 3、C 4、O 10

1. 高级音频编码（AAC）

这是苹果公司在其iTunes商店里使用的音频格式。在大小相仿的情况下，该格式相比MP3有着更好的音质，它提供了多个音频配置文件，这点跟H.264类似。它与H.264的另一个相似之处就是，该格式也不是免费的编解码器技术，并有相关的许可费用。

所有的苹果产品都支持AAC格式文件。Adobe的Flash Player以及开源的VLC播放器也支持该格式。

2. MP3

MP3格式尽管非常流行，但受专利所限，仍无法得到Firefox和Opera浏览器的支持。Safari以及Chrome则支持它。

3. Vorbis（OGG）

这是个开源且免版税的格式，Firefox、Opera以及Chrome都支持该格式。也可以将Vorbis与Theora及VP8视频编解码器技术一同使用。Vorbis文件具有非常好的音质，但并未得到音乐播放器硬件设备的广泛支持。

视频编解码器以及音频编解码器需要打包到一起来分发和播放。我们来讨论一下视频容器。

---

① http://www.fosspatents.com/2013/03/nokia-comments-on-vp8-patent.html

7.2.3 容器与编解码器协同工作

容器是一个元数据文件，用于音频或视频文件的识别及结合使用。它不涉及如何编码所含内容的相关信息。从本质上说，容器"包装"音频流和视频流。容器通常可以包含已编码媒体的任意组合，下面来了解Web应用中与视频协同工作的3种组合情况。

❑ OGG容器，包含了Theora视频和Vorbis音频，Firefox、Chrome以及Opera浏览器支持它。

❑ MP4容器，包含了H.264视频和AAC音频，Safari、Chrome、IE9及以上版本浏览器支持它。同时，也能够在Adobe的Flash Player以及iPhone、iPod和iPad上播放它。

❑ WebM容器，包含了VP8视频和Vorbis音频，Firefox、Chrome、Opera浏览器以及Adobe的Flash Player支持它。

考虑到Google和Mozilla正在积极推动VP8和WebM的发展，Theora格式的组合（OGG容器）最终很可能会被排除出局，但我们仍需认识到至少要对视频进行2次编码操作：一次使用H.264为Safari、iOS、IE9及以上版本进行编码，同时，由于Firefox和Opera不支持H.264，因此，还需再次使用VP8为Firefox和Opera进行编码。[①]

浏 览 器	容 器	视 频	音 频
IE9+	MP4	H.264	AAC或MP3
Safari以及iOS上的Safari	MP4	H.264	AAC
Firefox、Chrome、Opera以及Android浏览器	WebM	VP8	Vorbis

还有很多内容需要进一步领会，现在你已经对音频及视频的相关历史和限制有所了解。接下来，我们先从音频着手，深入实战。

7.3 实例 20：音频特性

AwesomeCo公司正在开发一个演示时循环播放免版税音频的站点。先来实现一个单曲播放合集的原型页面是个不错的主意。当页面完成时，页面上就会有一个视频播放列表，访问者可以快速视听每一个音频。不必担心去哪儿找这些音频资料，客户方录音师为我们准备好了MP3及OGG格式的音频样本。在附录3中可以找到关于如何编码个人音频文件的少量信息。

7.3.1 创建基本的音频列表

录音师提供了四个音频样本：drums（爵士鼓）、organ（风琴），bass（贝司）以及guitar（吉他）。我们接下来需要使用HTML标记来描述每段音乐。以下是描述drums的标记代码。

---

① http://lists.whatwg.org/pipermail/whatwg-whatwg.org/2009-June/020620.html

```
<article class="sample">
  <header><h2>Drums</h2></header>
  <audio id="drums" controls>
    <source src="sounds/ogg/drums.ogg" type="audio/ogg">
    <source src="sounds/mp3/drums.mp3" type="audio/mpeg">
    <a href="sounds/mp3/drums.mp3">Download drums.mp3</a>
  </audio>
</article>
```

首先定义<audio>标签，并告诉它我们希望显示一些控件。在<audio>标签内部，定义了多个<source>标签，一个用于MP3格式，另一个用于OGG格式。type属性描述了音频类型，一旦设置了音频类型，浏览器就不用向服务端询问具体的音频格式了；浏览器只需判别其自身支持的音频类型，这个判别过程非常快。如果浏览器无法支持第一种格式，它就会尝试下一个，直到最后一个<source>标签。

最后，我们显示了一个允许访问者直接下载MP3格式文件的链接。如果浏览器不支持<audio>标签，这个链接就会显示出来。

这段基本的代码可以在Chrome、Safari以及Firefox中运行。接下来，把上述代码连同剩余的3个音频样本放进一个HTML5模版中。

```
<article class="sample">
  <header><h2>Drums</h2></header>
  <audio id="drums" controls>
    <source src="sounds/ogg/drums.ogg" type="audio/ogg">
    <source src="sounds/mp3/drums.mp3" type="audio/mpeg">
    <a href="sounds/mp3/drums.mp3">Download drums.mp3</a>
  </audio>
</article>

<article class="sample">
  <header><h2>Guitar</h2></header>
  <audio id="guitar" controls>
    <source src="sounds/ogg/guitar.ogg" type="audio/ogg">
    <source src="sounds/mp3/guitar.mp3" type="audio/mpeg">
    <a href="sounds/mp3/guitar.mp3">Download guitar.mp3</a>
  </audio>
</article>

<article class="sample">
  <header><h2>Organ</h2></header>
  <audio id="organ" controls>
    <source src="sounds/ogg/organ.ogg" type="audio/ogg">
    <source src="sounds/mp3/organ.mp3" type="audio/mpeg">
    <a href="sounds/mp3/organ.mp3">Download organ.mp3</a>
```

```
      </audio>
    </article>

    <article class="sample">
      <header><h2>Bass</h2></header>
      <audio id="bass" controls>
        <source src="sounds/ogg/bass.ogg" type="audio/ogg">
        <source src="sounds/mp3/bass.mp3" type="audio/mpeg">
        <a href="sounds/mp3/bass.mp3">Download bass.mp3</a>
      </audio>
    </article>
  </body>
</html>
```

使用HTML5兼容的浏览器打开这个页面，列表中的每段音乐都拥有一个属于它自己的播放器。如图7-1所示。

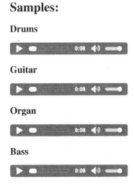

图7-1　Chrome中的音频播放器

按下播放按钮后，浏览器就会自行处理音乐播放。

用低版本IE浏览器打开这个页面时，由于IE并不支持<audio>元素，因此将显示下载链接。这是个合适的回退方案，不过让我们来看看能否做得更好。

7.3.2　回退方案

在前面的代码中，我们的音频播放回退方案内置于<audio>元素内部，通过<source>标签定义多个音频来源，并提供音频文件的下载链接。如果浏览器不支持<audio>元素，则会显示置于<audio>元素内部的下载链接。我们甚至还可以在定义了音频来源之后，使用Flash插件技术作为回退方案。

然而，这可能并不是最佳方式。你可能会碰到浏览器支持<audio>标签但不支持你所提供的音频格式的情况。又如，你可能认为不值得花费太多时间去提供多种格式的音频支持。此外，

HTML5规范也指出，<audio>元素的回退支持并非用于放置被屏幕阅读器读取的内容。

最简单的回退方案是把下载链接移到<audio>标签的外部，并用JavaScript隐藏它，如以下代码所示。

```
html5_audio/advanced_audio.html
<article class="sample">
  <header><h2>Drums</h2></header>
  <audio id="drums" controls>
    <source src="sounds/ogg/drums.ogg" type="audio/ogg">
    <source src="sounds/mp3/drums.mp3" type="audio/mpeg">
  </audio>
  <a href="sounds/mp3/drums.mp3">Download drums.mp3</a>
</article>
```

音频的回退解决方案相对简单，一些用户可能会对能够方便地下载音频文件表示赞赏，因此，你也可以考虑不用隐藏下载链接。

如果你还想做得更好，就得考虑侦测浏览器的音频支持程度。可以通过JavaScript创建一个新的<audio>元素，并检查它能否调用canPlayType()方法，如以下代码所示。

```
var canPlayAudioFiles = !!(document.createElement('audio').canPlayType);
```

如果你想侦测是否支持当前音频文件类型，那么，接下来应该按以下代码所示，在<audio>元素上调用canPlayType()方法。

```
var audio = document.createElement('audio');
if(audio.canPlayType('audio/ogg')){
  // 播放ogg文件
}
```

canPlayType()方法并不返回布尔类型的true或false值，而是返回以下字符串值之一。

- "probably"：很可能正常工作。
- "maybe"：有可能正常工作。
- ""：空值，可以视作"虚假值"。意思是尽管这个值不是布尔类型的false值，但JavaScript并不会把它视为true。

第三方库Modernizr在检查音频可用性方面有着更好的支持。它对canPlayType()方法进行了包装，并提供了一些比较便利的方法。

```
if(Modernizr.audio.ogg){
  // 播放ogg文件
}

if(Modernizr.audio.mp3){
  // 播放MP3文件
}
```

然而，Modernizr库仍使用HTML5规范的返回值测试音频格式能否被浏览器播放。

在浏览器中支持原生播放音频还只是第一步，浏览器正着手为音频和视频支持提供HTML5的JavaScript应用程序接口（API），你将在7.6节中看到相关内容。

现在，你已经掌握了如何使用浏览器原生支持的音频播放功能，接下来，我们将讨论如何针对视频来实现类似的播放功能。

7.4　实例 21：嵌入视频

AwesomeCo公司想在其网站展示新系列的培训视频，并希望这些视频可以在尽可能多的设备上播放，尤其是在iPad上。作为示例，我们将用"Photoshop技巧"系列里提供的两段视频来创建页面原型。很幸运，我们已经拿到了这些视频的H.264、Theora、VP8等格式的文件，因此，可以集中精力来创建页面。（想要详细了解如何对自己的视频文件进行编码，请参考附录3中的有关内容。）

<video>标签的使用方式跟<audio>标签很相似。只需提供源文件，Chrome、Firefox、Safari、iOS上的Safari以及IE 9无需借助额外插件就能直接播放视频。第一个视频文件01_blur的标记代码如下所示。

```
html5_video/native.html
<article>
  <header>
    <h2>Saturate with Blur</h2>
  </header>
  <video id="video_blur" preload="auto" controls
         width="640" height="480">
    <source src="video/h264/01_blur.mp4"   type='video/mp4'>
    <source src="video/theora/01_blur.ogv" type='video/ogg'>
    <source src="video/webm/01_blur.webm"  type='video/webm'>
    <p>Your browser does not support the video tag.</p>
  </video>
</article>
```

我们定义了<video>标签并告知它需要显示一些播放控件。通过preload属性通知浏览器在后台加载视频。由于没有包括autoplay属性，我们隐式通知浏览器不要自动播放视频。

在<video>标签内部，使用<source>标签定义各个视频片段，并指定其视频类型。浏览器只能播放其支持的类型，但我们不得不为浏览器提供所有的格式。如果只提供MP4格式的文件，那么，那些支持<video>标签但不支持MP4文件的浏览器就只能呈现一个空的视频播放器。

为了确保Web应用服务器知道如何处理视频文件，需要添加适当的MIME类型到服务器上。不同服务器平台的处理方式不尽相同，但如果使用Apache应用服务器，我们需在Web页面所在的目录里创建一个.htaccess文件，该文件定义了视频的MIME类型，如以下代码所示。

```
html5_video/.htaccess
AddType video/ogg   .ogv
AddType video/mp4   .mp4
AddType video/webm  .webm
```

如果通过Amazon S3提供视频服务，你可以为每个视频类型设置content-type头。如果使用微软的IIS服务器，则只需使用服务器的配置界面来编辑站点的MIME类型。

一旦将这些文件上传到Web服务器上，并配置了正确的MIME类型，视频就可以在各式各样的浏览器中播放了，用户将看到一个类似图7-2所示的视频播放器。

图7-2   通过Chrome原生视频播放器播放的视频

我们仍无法满足IE8或更老版本IE用户的需要，所以需要使用Flash作为回退方案。

回退方案

为了正确提供一个基于Flash的回退方案，同时仍然能够使用HTML5视频播放功能，我们在<video>标签内添加Flash对象代码。"Video for Everybody！"网站详细介绍了这一过程[1]，还有一种更简单的方式可以实现视频的跨平台支持，并且不用写大量的标记。

第三方的Video.js库使得在所有平台上播放视频变得非常容易，通过在<video>标签中添加一些代码，为不支持HTML5视频功能的浏览器构建一个合适的Flash回退方案。这就是Video.js库的工作原理。[2]

---

[1] http://camendesign.com/code/video_for_everybody

[2] http://www.videojs.com/

首先，添加Video.js库及相应的样式表到页面中。Video.js提供了内容分发网络（Content Delivery Network，CDN）支持，因此，不必自己下载Video.js库，只需将它添加到<head>标签中，代码如下所示。

html5_video/videojs_index.html

```
<link href="http://vjs.zencdn.net/4.0/video-js.css" rel="stylesheet">
<script src="http://vjs.zencdn.net/4.0/video.js"></script>
```

接下来，在<video>标签中添加些属性。

```
<video id="video_blur" preload="auto" controls
       width="640" height="480"
       class="video-js vjs-default-skin"
       data-setup="{}">
```

通过class属性通知Video.js使用视频功能，并使用我们指定的播放器皮肤。data-setup属性是自定义属性，包含了JSON格式的配置数据。在这里，我们并不需要特别的配置，因此只需传入一个空对象即可。

在IE8中打开页面，就可以播放视频了，并且无需将视频编码为其他格式，也不需要加载我们自己的Flash播放器。最终效果如图7-3所示。需要注意的是，除非请求位于Web服务器上的视频页面，否则Flash的安全设置有可能导致你无法观看视频，通过file: URL方式打开的页面有可能无法工作。

图7-3　在IE中使用Video.js播放视频

当然，我们还要为那些浏览器既无法原生支持视频播放功能，又没有安装Flash的用户提供回退方案。可以添加一个带有下载链接的新区块，让用户下载视频文件，代码如下所示。

html5_video/videojs_index.html
```
<section class="downloads">
  <header>
    <h3>Downloads</h3>
  </header>
  <ul>
    <li><a href="video/h264/01_blur.mp4">
      H264, playable on most platforms</a></li>
    <li><a href="video/theora/01_blur.ogv">OGG format</a></li>
    <li><a href="video/webm/01_blur.webm">WebM format</a></li>
  </ul>
</section>
```

我们可以如7.3节所述，使用Modernizr库来检测视频支持情况。但在许多情况下，让用户下载视频以供离线观看会更有意义，这样，用户就可以稍后在平板电脑或其他设备上观看。隐藏下载链接也许可以节省屏幕空间，但并不能阻止聪明的用户直接下载视频，因此，不要把隐藏下载链接作为安全措施。

1. 为特定的客户端强制使用Flash

默认情况下，Video.js使用Flash技术作为不支持<video>元素的浏览器的回退方案。在某些场景中，你也许希望为特定的浏览器强制使用Flash，即使它们支持HTML5视频功能。请记住，如果用户的浏览器支持<video>标签，它就不会使用Flash的回退方案，因此，你就不得不添加浏览器支持的视频格式调用代码，还可能出现Flash回退方案从未使用到的情况。如果你有大量MP4格式的视频，可能就不需要转换它们了，而是直接使用Flash回退方案，因为Flash能够很好地播放MP4文件。

通过特性检测技术及Video.js配置项的简单结合使用，我们可以通知Video.js在浏览器不支持MP4的情况下使用Flash回退技术。

在每个<video>标签之后，添加相关代码，测试如果浏览器支持MP4文件会发生什么。

html5_video/mp4only_index.html
```
<script>
  var videoElement = document.createElement("video");
  if(videoElement.canPlayType){
    if (videoElement.canPlayType("video/mp4") === ""){
      videojs("video_blur", {"techOrder": ["flash","html5"]});
    };
  }
</script>
```

我们创建了一个<video>元素，之后判断它是否支持canPlayType()方法。如果canPlay Type()方法返回空字符串，那么浏览器就不支持MP4，接下来就使用Video.js库提供的videojs 对象配置视频播放器的相关选项。

videojs对象传入<video>标签的id作为它的第一个参数，后面跟一个配置选项的散列参数，该选项用于配置播放器如何工作。

这些就绪之后，原生不支持MP4文件的Firefox浏览器，在播放MP4文件时，就会使用Flash 的回退技术。值得注意的是，这并非一个最佳方案，应该为浏览器进行视频编码。但如果你没有能力或没有源文件对视频编码，上述代码才算是一个好的折衷方案。

视频是一个分享创意和信息的极好方式，但对于那些视力或听力有障碍的用户来说，我们能为他们做些什么呢？请继续往下看！

7.5　实例 22：视频播放的可访问性

在前面讨论的回退方案中，没有一个能够解决残障人士的使用问题。实际上，HTML5规范已明确指出了这一点。提供音频下载功能对听障人士来说没任何意义，而视障人士对离线观看视频也不感兴趣。如果你要提供内容给用户，就应该尽可能提供可用的替代方案。提供视频及音频功能时，还应提供用户能够查看的对应文字稿。如果需要你自己生成内容，由于文字稿可以直接由脚本生成，那么，只要你从一开始就做好规划，处理文字稿就轻而易举了。接下来，在视频下方添加一段简单的文字稿。

```
html5_video/videojs_index.html
<section class="transcript">
  <h2>Transcript</h2>
  <p>
    We'll drag the existing layer to the new button on the bottom of
    the Layers palette to create a new copy.
  </p>
  <p>
    Next we'll go to the Filter menu and choose Gaussian Blur.
    We'll change the blur amount just enough so that we lose a little
    bit of the detail of the image.
  </p>
  <p>
    Now we'll double-click on the layer to edit the layer and
    change the blending mode to Overlay. We can then adjust the
    amount of the effect by changing the opacity slider.
  </p>
  <p>Now we have a slightly enhanced image.</p>
</section>
```

可以隐藏这段文字稿，或者在主页中放置关联到文字稿的链接。只要你能让文字稿容易找到和理解，效果就达到了。如果没办法提供文字稿，可以考虑提供一段小结，强调视频的重点内容。有总比没有好。

7.5.1　添加字幕

文字稿固然不错，但我们还可以更进一步。HTML5提供了标识视频字幕的<track>新标签。<track>标签目前并未得到浏览器的广泛支持，但Video.js库能很好地支持它。要使用<track>标签，我们使用一种被称为网络视频文本轨道（Web Video Text Tracks，Web VTT）的格式，来创建一个包含了字幕信息及相应提示点的文本文件。Web VTT在IE10、Chrome、Opera和Safari中都得到了支持。让我们选一个视频来试试看。

首先，在video目录中创建一个存放VTT文件的captions目录。之后，在captions目录中创建VTT文件01_blur .vtt。该文件包含提示点以及将在提示点播放的字幕文本内容。创建这些文件需要花些时间，这里直接给出该文件的完整内容。

html5_video/video/captions/01_blur.vtt
```
WEBVTT

00:00.000 --> 00:08.906
We'll drag the existing layer to the New button on the
bottom of the layers panel to create a new copy.

00:08.906 --> 00:14.167
Now we'll go to the Filter menu and choose Gaussian Blur.

00:14.167 --> 00:22.907
We'll change the blur amount just enough so we lose a
little detail of the image.

00:22.907 --> 00:33.670
Now we'll double-click on the layer to edit the layer.

00:33.670 --> 00:41.928
And we'll change the blending mode to overlay. This allows
the original layer underneath to show through.

00:41.928 --> 00:48.812
We can then adjust the amount of the effect by changing
the opacity.

00:48.812 --> 00:57.507
And now we have a slightly enhanced image.
```

这个文件链接字幕信息到视频的各个相关部分。我们定义一个时间段，之后在每个时间段下面放置字幕文本内容。可以有多行的字幕，只要不用空行隔开即可。要让该文件跟视频协同工作，需在<video>标签里面添加一个<track>标签，并指向这个文件。

html5_video/videojs_index.html

```
<track kind="captions" src="video/captions/01_blur.vtt"
       srclang="en-us" label="English" />
```

我们将它指定为captions字幕类型，并使用英文。也可以用其他语言创建字幕，并用不同的文件存储各种语言版本内容。但在这里，这样做已经足够了。运行效果如图7-4所示。

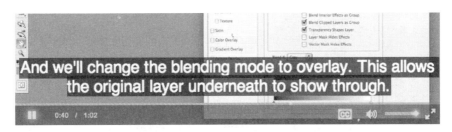

图7-4　通过Video.js实现的字幕呈现

为视频播放创建字幕文件需要花费不少时间，但这种回退方案为听障人士提供了极大的便利。同时，这个方案对那些没有音频设备的用户来说也非常有帮助，比如在办公环境或图书馆里。最棒的是，有了Video.js，你可以马上用它来实现一个优秀的回退方案。

7.5.2　HTML5 视频技术的局限性

在广泛应用之前，HTML5视频技术还有一些障碍需要跨越。

首先，HTML5视频并未对视频流技术作规定。大多数用户都习惯于对视频的特定部分进行定位。基于Flash技术的视频播放器擅长处理这种事情，因为作为一个视频发布平台，Adobe公司投入了大量努力把这种技术引入到了Flash中。为了能够对HTML5视频进行检索，浏览器端必须完全下载视频文件。这种情况在将来可能会有所改变。

其次，还缺失一种较好的管理模式。一些希望阻止内容被盗用的网站（如Hulu），一般不会采用HTML5视频。对这样的场景而言，Flash仍然是一个可行的解决方案。

最后也是最重要的，对视频进行编码的过程代价高、花费时间长。需要编码成好几种格式的限制使得HTML5视频技术缺少吸引力。鉴于此，很多网站都提供有专利风险的H.264格式的视频，因为只有这样，才有可能通过HTML5视频技术与Flash技术的结合，最大程度地满足视频在各个设备上的播放需要。

这些问题并不会阻碍HTML5的发展与普及，但在能够使用HTML5视频技术来取代Flash技术，使之成为一个视频发布平台之前，这些问题是必须直视的。

7.6   未来展望

一流的浏览器音频支持功能给广大Web开发者们带来了无限的可能。基于JavaScript的Web应用可以轻松实现各种音效和声音提示，而无需通过Flash插件技术来嵌入音频。浏览器原生视频支持可以让视频在iPhone等设备上进行播放，同时，HTML5还提供了一个使用JavaScript来实现与音频及视频交互的开放、标准的方式。最重要的是，我们可以像处理图像那样，通过语义标记及更容易识别的方式来处理视频及音频剪辑。

探索媒体内容的JavaScript API

前面我们简单提及了<audio>和<video>元素的JavaScript API。整个API可以侦测浏览器能够播放的音频文件类型，并且HTML5还提供了控制<audio>元素播放的方法。

在7.3节中，我们创建了一个播放多个音频文件的页面。可以使用JavaScript API来实现几乎在同一时间播放所有声音的功能。这里有一个简单的处理。

html5_audio/javascripts/audio.js

```
var element = $("<p><input type='button' value='Play all'/></p>")
element.click(function(){
  $("audio").each(function(){
    this.play();
  })
});

$("body").append(element);
```

我们添加了一个播放所有文件的按钮，按下该按钮时，会遍历页面中所有的<audio>元素，并调用每个<audio>元素的play()方法。

可以用类似的方式处理视频。API里面还提供了一些方法来开始和暂停元素播放、查询当前时间，以及与字幕轨道里的数据相结合。

一定要查阅规范说明以了解具体功能。[1]

---

1. http://www.w3.org/TR/html5/embedded-content-0.html#media-elements

---

Web VTT是另一个值得密切关注的领域。Web VTT的用途不只是提供字幕功能。它支持多语种的字幕、支持更容易的章节导航，并支持附加的视频元数据。你甚至还可以使用HTML和JSON，并通过JavaScript来与视频交互，在进入或退出提示点时触发事件。这对于构建交互式计算机视频培训课程来说是个很好的方式。只不过创作本书时，并不是每一家浏览器都实现了所有的API，等到浏览器厂商开始实现这些API时，规范有可能业已发生了改变。但浏览器功能的持续增强肯定是需要考虑的。

第8章

视觉特效

作为Web开发者，我们总是对如何开发出更吸引人眼球的用户界面饶有兴趣，CSS3新增了不少新方法来帮助开发者实现这一点。我们可以在页面中使用自定义字体，创建带有圆角和阴影特效的元素，设置背景为渐变色效果，甚至可以旋转元素使界面看起来不再单调乏味。无需依靠Photoshop或其他图形工具就能实现所有这些特效，本章就来告诉你如何去做。先从设置圆角特效改进表单外观开始。之后将为一个商贸展制作广告条原型，其中涉及阴影、旋转、渐变以及透明度等特效。接下来，将讨论如何使用CSS3的@font-face特性让公司商标的字体变得更漂亮。最后，学习如何使用CSS3的动画技术。

我们将在本章中讨论以下内容。

❑ border-radius（border-radius: 10px;）：给元素设置圆角（C 4、F 3、S 3.2、IE 9、O 10.5）。

❑ RGBA 支持（background-color: rgba(255,0,0,0.5);）：使用RGB颜色设置值替代十六进制颜色设置值，并带有透明度设置值（C 4、F 3.5、S 3.2、IE 9、O 10.1）。

❑ box-shadow（box-shadow: 10px 10px 5px #333;）：设置元素的阴影效果（C 3、F 3.5、S 3.2、IE 9、O 10.5）。

❑ 旋转（transform: rotate(7.5deg);）：旋转元素（C 3、F 3.5、S 3.2、IE 9、O 10.5）。

❑ 渐变（linear -gradient(top, #fff, #efefef);）：创建渐变效果图像（C 4、F 3.5、S 4）。

❑ src: url(http://example.com/awesomeco.ttf);：允许通过CSS使用特定字体（C 4、F 3.5、S 3.2、IE 5、O 10.1）。

❑ 过渡（transition: background 0.3s ease）：沿时间轴逐渐将一个CSS属性由一个值过渡到另一个值（C 4、F 3.5、S 4、IE 10）。

❑ 动画（animation: shake 0.5s 1;）：使用定义好的关键帧动画，沿时间轴逐渐将一个CSS属性由一个值过渡到另一个值（C 4、F 3.5、S 4、IE 10）。

8.1   实例 23：设置圆角

在Web页面中，元素默认的形状都是矩形。表单字段、表格，甚至是页面的各个区块，所有这些都是四四方方的锐边状，因此，多年来设计师们通过各种各样的技术实现来设置元素的圆角效果，让界面效果看起来更加柔和。

CSS3提供了轻松设置圆角的功能，Chrome、Firefox以及Safari支持圆角特性已经有相当长的一段时间了，而IE 9也实现了该特性。因此，你可以在设计中轻松添加圆角特性。接下来看看如何实现它。

8.1.1   柔化登录表单

我们需要为AwesomeCo公司的客户门户及支持网站创建一个新的登录表单。设计师交给我们的线框图和原型显示表单字段是圆角效果。接下来，先考虑只通过CSS3来实现圆角效果。所创建表单的最终效果如图8-1所示。

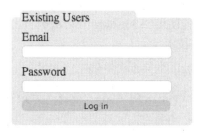

图8-1   具有圆角效果的表单

我们使用一些简单的HTML代码来实现这个登录表单。

```
css3_rough_edges/index.html
</head>
<body>
  <form class="login" action="/login" method="post">
    <fieldset>
      <legend>Existing Users</legend>
      <ol>
        <li>
          <label for="email">Email</label>
          <input id="email" type="email" name="email">
        </li>
        <li>
          <label for="password">Password</label>
          <input id="password" type="password"
                 name="password" value="" autocomplete="off"/>
        </li>
        <li><input type="submit" value="Log in"></li>
```

```
        </ol>
      </fieldset>
    </form>
  </body>
</html>
```

接下来为表单设置一些样式，让它看起来不会太单调。

```
.login{
  width: 250px;
}

.login fieldset{
  background-color: #ddd;
  border: none;
}
.login legend{
  background-color: #ddd;
  padding: 0 64px 0 2px;
}

.login ol{list-style: none;
  margin: 2px;
  padding:0;
}
.login li{
  margin: 0 0 9px 0;
  padding: 0;
}

.login input{
  background-color: #fff;
  border: 1px solid #bbb;
  display:block;
  width: 200px;
}
.login input[type="submit"]{
 background-color: #bbb;
 padding: 0;
 width: 202px;
}
```

这些基本样式移除了列表的项目编号，并确保输入字段都是同一大小。同时还修改了
<fieldset>以及 <legend>标签让表单看起来像个"标签页"。设置完这些基本样式，我们将集
中精力来设置标题（<legend>标签）、表单字段、按钮及整个表单的圆角效果。

用一个CSS规则来设置所有表单元素的圆角效果。

```css
.login input, .login fieldset, .login legend{
  border-radius: 5px;
}
```

往style.css文件里添加了以上规则后，就能看到圆角效果了。

8.1.2　回退方案

我们的成果可以在Firefox、Safari、Chrome以及IE 9、IE 10浏览器中很好地工作，但得不到IE 8的支持。这个问题对PIE库[①]而言简直是小菜一碟，PIE为border-radius圆角属性及其他一些CSS3特性提供了落地支持。下载PIE并解压，把PIE.htc放到stylesheets文件夹中。

着手处理圆角之前，先来解决一个样式方面的小问题。IE 8对待<legend>标签有些许不同，因此，当我们在IE 8浏览器中浏览效果时，<legend>标签看起来并不像一个标签页，用作标题的<legend>标签完全落在了<fieldset>标签中。可以为IE 8添加少许的处理样式，把<fieldset>标签里的标题推高几个像素，使它在Firefox和Chrome里呈现的效果一样。创建一个新文件stylesheets/ie.css，并在页面的条件注释里引用它，这样，该样式将专门在IE 8及之前的版本中使用。

```html
<!--[if lte IE 8]>
<link rel="stylesheet" href="stylesheets/ie.css" type="text/css" media="screen">
<![endif]-->
```

接下来，在stylesheets/ie.css文件中添加<legend>标签和<fieldset>标签的处理规则：

```css
.login {margin-top: 20px;}

.login fieldset legend{
  margin-top: -10px;
  margin-left: 10px;
}
.login fieldset{
  padding-left: 10px;
}
```

只需把<fieldset>标签挤降20像素，同时将<legend>标签拉高10像素，就能够做出标签页效果。我们还把<fieldset>标签向右推了一些，但由于IE 8默认样式的影响，还需要为<fieldset>标签添加一些内边距。现在，IE 8中的浏览效果就和其他浏览器里的效果非常相似了。

最后，用behavior属性加载PIE，behavior属性是IE里特有的CSS规则属性。

[①] http://css3pie.com/

css3_rough_edges/stylesheets/ie.css

```
.login fieldset, .login input, .login legend{
  behavior: url(stylesheets/PIE.htc);
}
```

由于我们将PIE.htc文件存放在stylesheets文件夹中，所以HTML页面中PIE.htc的引用链接必须是相对于页面的，而不是相对于样式表的链接（如behavior: url(PIE.htc);则是错的）。

现在，页面在IE 8中的浏览效果就跟其他主流浏览器中的差不多了，如图8-2所示。

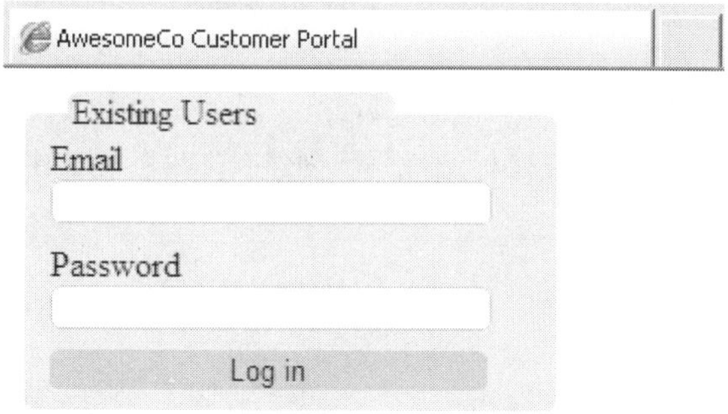

图8-2　表单在IE 8中的浏览效果

在我们的例子中，客户非常希望表单在所有浏览器中都能看到圆角效果。但在现实中，你应该尽可能确保圆角设置方案的可选性。尽管有些用户认为表单看起来更柔和是一件好事情，但作为开发者首先应该了解有多少用户使用的浏览器不支持CSS3圆角特性。如果用户使用IE 9或更高版本，就不值得你浪费时间维护一个回退方案。

圆角设置技术为你的界面带来了一丝柔和的感觉。即便如此，同其他方面的设计一样，确保实现的一致性以及不滥用技术是非常重要的。

8.2　实例 24：阴影、渐变及转换

CSS3的圆角特性获得了大量关注，但这还只是CSS3众多魔法特性大餐中的开胃菜。我们可以给元素添加阴影效果，使其从众多内容中脱颖而出；可以使用渐变特效让背景看起来更清晰；也可以通过转换特性来旋转元素。让我们把上述几种技术结合起来，为即将到来的Awesome大会制作一个广告条的部分原型——Awesome每年都会举办这样的商贸展览及产品发布大会。平面设计师提供了一个效果如图8-3所示的PSD文件，界面有一个斜放的姓名牌，以及一大块微微透明的用来填充Web内容的空白。

可以完全通过CSS3来实现姓名牌、阴影，甚至是透明特性。平面设计师只需提供一幅参会者的背景图片，剩下的事情就交给我们吧！

图8-3   概念原型，将使用CSS3来重新实现

8.2.1   基本结构

先来实现广告条基本结构的HTML标记代码。创建新文件，在其中编写以下代码。

css3_banner/index.html

```
<!DOCTYPE html>
<html lang='en'>
  <head>
    <meta charset="utf-8">
    <title>Sample Banner</title>
    <link rel="stylesheet" href="stylesheets/style.css">
    <div id="conference">
      <section id="badge">
        <h3>Hi, My Name Is</h3>
        <h2>Barney</h2>
      </section>

      <section id="info">
      </section>
    </div>

  </body>
</html>
```

接下来创建一个stylesheets/style.css新文件，并添加一些基本样式来定义姓名牌以及主要内容区域的布局。

css3_banner/stylesheets/style.css

```
#conference{
  background-color: #000;
  background-image: url('../images/awesomeconf.jpg');
  background-position: center;
  height: 240px;
  width: 960px;
}
#badge{
```

```
  border: 2px solid blue;
  display: block;
  text-align: center;
  width: 200px;
}
#info{
  display: block;
  height: 160px;
  margin: 20px;
  padding: 20px;
  width: 660px;
}
#badge, #info{
  background-color: #fff;
  float: left;
}
#badge h2{
  color: red;
  margin: 0;
  font-size: 40px;
}
#badge h3{
  background-color: blue;
  color: #fff;
  margin: 0;
}
```

随着这段样式规则的实现，姓名牌和主要内容区域就会并排显示，效果如图8-4所示。

图8-4　广告条初步效果

下面继续设置姓名牌的样式。

8.2.2　添加渐进效果

我们将姓名牌的白色背景改变为从白色向浅灰色过渡的渐变色。我们定义的渐变将成为元素的背景图片。当前，渐变效果已得到了Firefox、Safari以及Chrome的支持，但各种浏览器的实现不尽相同。

Firefox 15之前的版本使用-moz-linear-gradient方法，在这个属性里，我们先指定渐变开始点，然后定义开始颜色和结束颜色。WebKit内核的浏览器使用同样的规则，但用-webkit-前缀取代-moz-前缀。

实现渐变的标准方式是使用linear-gradient[①]，看起来跟上面提到的 -moz-linear-gradient差不多，但在方向上使用to bottom取代top。可以使用to bottom、to right、to left、to top等方向描述，或者使用特定角度，如45deg。

为了让各种浏览器都能呈现渐变效果，我们向样式表添加以下代码。

css3_banner/stylesheets/style.css

```
#badge{
  background-image: -webkit-linear-gradient(top, #fff, #eee);
  background-image:    -moz-linear-gradient(top, #fff, #eee);
  background-image:            linear-gradient(to bottom, #fff, #eee);
}
```

这段代码满足了我们的需要（使用的是线性渐变），但我们还可以实现径向渐变，也可以指定渐变过程中的更多色标。本例使用了一个开始颜色以及一个结束颜色，但若要更好地控制整个渐变过程，就可以指定更多的颜色。接下来给姓名牌设置阴影特效。

8.2.3　添加阴影效果

通过给姓名牌添加阴影可以轻松实现其"浮现"在广告条上的效果。在以前，要实现阴影效果，一般都是通过Photoshop把阴影效果直接做到图片里，或者插入背景图片作为阴影。现在，使用CSS3的box-shadow属性就可以快速为元素定义阴影了。[②]

我们将在样式表文件中通过该属性给姓名牌添加阴影。在#banner选择器中添加box-shadow属性，就在先前定义的渐变特性下面。

css3_banner/stylesheets/style.css

```
box-shadow: 5px 5px 5px 0px #333;
```

box-shadow属性总共有六个参数，但在这里只用到了5个。第一个是水平偏移量，正数表示阴影将偏向对象的右边；负数表示阴影偏向左边。第二个参数是垂直偏移量，正数表示阴影将偏向对象的下方；负数表示阴影偏向上方。第三个参数是模糊半径，0表示阴影不模糊过渡，界限分明，值越大表示阴影越模糊。第四个参数是覆盖距离，或者说是阴影宽度。最后一个参数用来定义阴影颜色。

如果指定了第六个可用参数（inset），则将阴影内置到元素方框里，以内阴影效果取代默

---

① http://dev.w3.org/csswg/css3-images/#linear-gradients

② http://www.w3.org/TR/css3-background/#the-box-shadow

认的外阴影效果。

请注意在我们的例子中并没有使用特定的前缀。即使是IE 10[①]，也同其他Chrome、Firefox、Safari以及Opera等浏览器的最新版本一样，支持去除特定前缀的box-shadow属性。然而，如果需要支持iOS 3、Android 2.1或者2011年之前的浏览器发行版，这时就要用到-moz-或-webkit-前缀。

可以不断试验这些参数值，以熟悉其工作原理，并找出适合自己的数值。设置阴影时，请花些时间了解一下现实生活中的阴影呈现方式。用手电筒照向某个物品，或者到户外去观察阳光如何在物品上投下阴影。合理使用视角很重要，因为不一致的阴影会使界面变得更糟，特别是在你给多个元素设置了错误阴影效果的时候。因此，最简单的方式就是对于每个要设置的阴影，都使用同样的参数。

为文字添加阴影效果

除了给元素设置阴影，你还可以轻松地为文字设置阴影，设置方式与box-shadow属性类似。

```
h1{text-shadow: 2px 2px 2px 0px #bbbbbb;}
```

指定了x轴及y轴的偏移量、模糊度、覆盖距离以及阴影颜色。

给文字设置阴影与给元素设置阴影的操作方式相同。文字阴影提供了一种优雅效果，但如果重度设置文字阴影却会导致文本难以阅读。确保内容的可读性才是最重要的。

8.2.4　旋转姓名牌

我们使用CSS3转换特性来实现元素的旋转、缩放以及倾斜效果，类似于Flash、Illustrator或Inkscape等矢量图形软件能够做到的那样。[②]添加这些特效可以突出呈现元素，同时，这也是让页面生动活泼的另一种手段。我们来旋转姓名牌，让它稍稍倾斜，以摆脱广告条中规中矩的限制。再次地，我们在#banner选择器中添加相关属性。

css3_banner/stylesheets/style.css
```
-webkit-transform: rotate(-7.5deg);
   -moz-transform: rotate(-7.5deg);
    -ms-transform: rotate(-7.5deg);
     -o-transform: rotate(-7.5deg);
        transform: rotate(-7.5deg);
```

CSS3的旋转效果很容易实现。只要提供了旋转角度，效果就出来了。包含在旋转元素里的

---

① 翻译本书时，版本已更新到IE 11。——译者注

② http://www.w3.org/TR/css3-2d-transforms/#transform-property

元素也会相应地旋转。不过，我们暂时还做不到只使用标准的transform属性。为了在所有浏览器中都能够设置旋转效果，仍需添加所有可能的特定前缀。

旋转设置跟圆角设置一样简单，但也别过度使用。界面设计的目标是确保界面的可用性。如果要对包含大量内容的元素设置旋转，就要考虑到千万别让用户长时间歪着脖子浏览这些内容！

8.2.5 使用矩阵精确转换

旋转只是我们转换元素的方式之一。我们还可以处理缩放、倾斜等效果，甚至还可以实现3D转换效果。更酷的是，可以在transform上使用matrix()方法以处理更多元素转换方面的控制。要使用该方法，需要取所用角度的余弦和正弦。比如，我们想用matrix()而不是rotate()来设置姓名牌的旋转效果。

要使用matrix()，需要获取旋转所用角度（−7.5度），并求对应余弦值、正弦值、正弦值的相反值，以及再次求余弦值。也就是说，我们将使用2×2矩阵处理线性转换，如以下代码所示。

```
-webkit-transform: matrix(0.99144,-0.13052,0.13052,0.99144,0,0);
   -moz-transform: matrix(0.99144,-0.13052,0.13052,0.99144,0px,0px);
    -ms-transform: matrix(0.99144,-0.13052,0.13052,0.99144,0,0);
     -o-transform: matrix(0.99144,-0.13052,0.13052,0.99144,0,0);
        transform: matrix(0.99144,-0.13052,0.13052,0.99144,0,0);
```

不好理解是吗？是的，当你仔细看过前面的例子后这种感觉就更强烈了。记得我们的原始旋转角度是−7.5度。因此，对于负的正弦值，需要先求正值，再取负值。[①]

但这确实很酷，因为这意味着我们可以通过指定合适的参数值来实现变形、倾斜、旋转以及其他转换效果。一旦掌握了matrix()的用法，它就能发挥出难以置信的威力。如果想进一步了解它的用法，请参考：http://peterned.home.xs4all.nl/matrices/。

数学挺难的，接下来换个话题，讨论透明背景的实现。

8.2.6 透明背景

长期以来，为了设置背景的透明效果，平面设计师一般会在文字后面放置一个半透明层，这个操作通常需要用Photoshop设计一幅完整的图片，或使用CSS在另一个元素顶部放一个透明的PNG图片层。CSS3提供了一个新语法来定义支持透明度的背景颜色。

刚开始学习Web开发技术时，我们就掌握了使用十六进制颜色代码来定义颜色的方法。我们使用成对的数字定义大量的红绿蓝颜色组合。00是全部关闭或没有的意思，而FF则是全部打开的意思。因此，红色的十六进制颜色代码为FF0000，指红色全部打开，蓝色和绿色都全部关闭。

---

① 简言之，请记住这里用到的matrix()形式为：(cos(angle), sin(angle), -sin(angle), cos(angle), 0, 0)。

　　CSS3引入了rbg()和rgba()函数。rgb()函数的工作原理就像是十六进制颜色代码设置的对应方式，只不过它使用0到255之间的数字来表示各种颜色值，如红色就用rgb(255, 0, 0)表示。

　　rgba()函数的工作方式与rgb()函数相同，只是它使用了第4个参数来定义透明度，透明度从0到1。如果设置0，则完全透明并看不到颜色。要使得白色区块呈现半透明的效果，需要为info区块添加以下规则：

css3_banner/stylesheets/style.css

```
#info{
  background-color: rgba(255,255,255,0.95);
}
```

　　像这样设置了以上透明度的值之后，用户的对比度设置有时会影响最终外观，因此，应该不断试验设置值并在多种显示器中测试，以确保效果的一致性。

　　我们已经处理完了广告条中的info区块，接下来设置圆角特效。

css3_banner/stylesheets/style.css

```
#info{
  background-color: rgba(255,255,255,0.95);
➤ border-radius: 12px;
}
```

　　这样，我们的广告条在Safari、Firefox和Chrome中看起来就非常漂亮了。接下来，为IE浏览器编写一个特定样式。

8.2.7　回退方案

　　本节用到的技术在IE 10及其他现代浏览器中可以很好地工作，但在IE 8和IE 9中却不行。可以通过微软的DirectX筛选器技术来或多或少地模拟这些效果，但随之而来的CPU的密集计算会干扰其他功能的运行，最终产生一个非常糟糕的用户界面。最好不要为这些特效实现回退方案。请记住本节的实现是为了视觉上的增强。在一开始创建样式表时，我们就已确背景色的应用会让文字具有一定的可读性。那些不支持CSS3的浏览器仍然可以以一种可读的方式显示网页内容。

　　当然，如果你非常好奇并想亲自一探究竟，可以下载本书的源代码并研究一下文件css3_banner/stylesheets/ie.css，并尝试让相应的特效能够在IE 8及之前的浏览器中呈现出来。但是提醒一句，这个方案远远没有达到完美的地步，要实现一个完美的回退方案真不是件简单的事情。最糟糕的是，最终的结果可能会让人大失所望。

　　不过，你可以使用通过条件注释提供的样式表来应用一个PNG背景图片到容器元素上，但在实现之前，最好先弄清楚是否有必要这样做。

　　转换、渐变及阴影等特效非常棒，但人们打开页面是为了浏览内容。恰当的字体会让一切与众不同，CSS3在字体设置方面给了我们更多的控制权。接下来就来讨论它。

8.3　实例 25：设置字体

排版好坏对于用户体验来说至关重要。本书就使用了经过精心挑选的字体，这些字体可是由专业人士挑选的，他们懂得如何使用合适的字体及间距为读者带来更好的阅读体验。这些概念对于Web页面的交互体验认知来说也同等重要。

向读者诠释信息时所用的字体，关乎读者理解这些信息的方式。图8-5展示的字体非常适合一个活力四射的重金属乐队。

图　8-5

但是这个字体对本书的封面来说就显得不伦不类了（见图8-6）。

图　8-6

如你所见，选择一个适合你信息的字体确实很重要！Web应用中涉及的字体选择问题在于Web开发者可选择的字体太少了，也就是局限于通常所讲的"网络安全字体"，即普遍存在于绝大多数用户操作系统中的字体。

在以前，为了突破这个限制，我们使用图片来应用特定字体，或者直接将字体添加到页面标记中，或者借助其他方式，如CSS背景图片或sIFR[1]，使用Flash来显示字体。而今，CSS3字体模块提供了一个更好的方式。

AwesomeCo的市场总监决定要选定公司用于打印及Web页面的字体，并要求我们调研一个叫Garogier的字体，该字体是一种简单的、细长型字体，可免费用于商业用途。作为一个试验性任务，我们将在2.1节所创建的博客样例中使用该字体。这样的话，每个人都可以一窥堂奥。接下来将讨论如何仅仅通过CSS技术来指定并使用字体。

---

① http://www.mikeindustries.com/blog/sifr

8.3.1　@font-face

@font-face指令是在CSS2规范中引入的，并在IE5中得以实现 。[1]可是，微软的实现却使用了一个叫Embedded OpenType（EOT）的字体格式，而今，大多数的字体都使用TrueType或OpenType格式，并在所有的现代浏览器中得到了非常好的支持。

8.3.2　字体格式

有各种格式的字体，你所用的浏览器会判定需要提供给用户何种格式的字体。

字体格式类型	浏览器支持
Web开放字体（WOFF）	（F 3.6、C 5、S 5.1、IE 9、O 11.1、iOS 5）
TrueType（TTF）	（F 3.5、C 4、S 3、O 10、iOS 4.2、A 2.2）
OpenType（OTF）	（F 3.5、C 4、S 3、O 10、iOS 4.2、A 2.2）
Embedded OpenType（EOT）	（IE 5~IE 8）
可伸缩矢量图形（SVG）	（iOS）

微软、Opera以及Mozilla联合创建了Web开放字体格式，该格式允许无损压缩，并对字体制作者而言有着更好的许可选择权。

为了覆盖所有的浏览器，我们不得不为字体提供各种格式。接下来讨论如何实现。

8.3.3　改变字体

Font Squirrel网站提供了我们所用字体的TrueType、WOFF、SVG以及EOT等各种格式，这些格式都能很好地满足我们的需求。[2]

使用字体需要两个步骤：定义字体，并将字体应用到元素上。在博客样式表中，添加以下代码：

css3_fonts/stylesheets/style.css

```css
@font-face {
  font-family: 'GarogierRegular';
  src: url('fonts/garogier_unhinted-webfont.eot?#iefix')
       format('embedded-opentype'),
    url('fonts/garogier_unhinted-webfont.woff') format('woff'),
    url('fonts/garogier_unhinted-webfont.ttf') format('truetype'),
    url('fonts/garogier_unhinted-webfont.svg#garogierregular') format('svg');
  font-weight: normal;
  font-style: normal;
}
```

---

[1] http://www.w3.org/TR/css3-fonts/
[2] 可以在http://www.fontsquirrel.com/fonts/Garogier及本书源代码中进行下载。

字体和版权

有些字体并不是免费使用的。如同图片库和其他有版权保护的内容一样，将这些字体用于网页时，也要遵从相关版权和许可限制。如果你购买了一种字体，应该在你的使用权限范围内将其用于页面商标和图片中。这就叫使用权。然而，@font-face带来了一种不同的许可使用方式——再分配的版权。

当你在页面中嵌入一种字体，访问者的浏览器就会下载该字体，这就意味着你的网站分发了这种字体给其他人了。你必须完全确保页面所用字体的授权允许这么做。

Adobe公司的Typekit有一个对外提供的正版字体库，并提供辅助工具和代码以将字体方便地应用到你的网站上。[1] Typekit不是免费服务的，但如果你确实需要使用它的某个特定字体的话，也完全负担得起。

Google提供了Google Font API，[2] 它跟Typekit类似，但只包含开源字体。

所有这些服务都通过JavaScript加载字体，因此，你需要确保页面内容在禁用JavaScript的情况下也具有良好的可读性。

只要记住对待字体就像对待其他资产一样，你就不会在版权方面遇到问题。

1. http://www.typekit.com/
2. http://code.google.com/apis/webfonts/

首先定义字体系列，给出字体名称，之后提供字体来源。我们先提供了Embedded OpenType格式的字体，以便IE 8能够立即识别它，之后依次提供其他格式字体源。用户的浏览器将按顺序尝试各个字体源，直至找到一个所支持的字体格式。

.eot文件的?#iefix'前缀用于修复IE 8中一个严重的语法解析bug。忽略该前缀将导致IE 8在解析剩余规则时产生404错误。问号的作用是让IE 8把EOT之后的内容当作查询参数，本来这个前缀是可以忽略的（如果没有这种bug的话）。

小乔爱问：

如何转换自己的字体？

如果你自己开发了一种字体，或者购买了一种字体的版权并需要生成对应的多种格式，可以使用 Font Squirrel 网站来进行字体转换，该网站还会生成一个带有所需@font-face 代码的样式表。[1] 但是，需确保该字体的版权允许你这么使用。

1. http://www.fontsquirrel.com/fontface/generator

这段代码假定我们事先已经把要用到的所有字体都放在stylesheets/fonts目录里了。字体链接相对于样式表的位置，而不是相对于调用样式表的HTML页面的位置。这是可以理解的，因为一个样式表在现实中有可能被不同的HTML页面调用。

现在，我们定义了字体系列，并且把它放进了样式表里。接下来，我们来改变初始字体样式，如以下代码所示：

css3_fonts/stylesheets/style.css
```
body{
  font-family: "GarogierRegular";
}
```

随着这些改动的完成，我们的页面文字就以新的字体效果显示了，如图8-8所示。

图8-8　应用了新字体的博客页面效果

应用字体的操作在现代浏览器中很容易实现，但我们还需要考虑到那些不支持字体应用的浏览器。

8.3.4　回退方案

我们已经为各种版本的IE及其他浏览器提供了回退方案，但仍需进一步确保页面的可读性，所以要考虑到不支持@font-face特性的浏览器，以及那些出于某些原因无法下载字体的用户。

我们提供了Garogier字体的各种格式，但在应用该字体时，并没有指定备选字体。这就意味着如果浏览器无法显示Garogier字体，就会使用浏览器的默认字体，这样的结果并不理想。

字体栈是一个按优先顺序排列的字体列表。先指定最希望用户使用的字体，之后指定合适的备选字体。创建字体栈时，花点时间去挑选真正合适的备选字体。各种字体的字间空格、笔划宽度以及整体轮廓应该要相近。Unit Interactive网站上有一篇关于这方面的精彩文章。[1]

按以下代码修改我们的字体。

[1] http://unitinteractive.com/blog/2008/06/26/better-css-font-stacks/

```
css3_fonts/stylesheets/style.css
font-family: "GarogierRegular", Georgia,
             "Palatino", "Palatino Linotype",
             "Times", "Times New Roman", serif;
```

代码中提供了许多备选字体,这些字体将帮助我们在各种情况下都能保持一个相似的展示效果。也许这不能完美地适用于所有的情形,但这种方式确实好过使用浏览器默认字体,要知道,有时候默认字体的可读性非常糟糕。

恰当的字体设置大有益处,能够让你的页面更具吸引力和可读性。你可以自己动手试验一下,有大量免费和商用字体在等着你。

接下来,让我们看看如何使用CSS来制作动画效果。

8.4　实例 26:通过过渡和动画特性移动物体

CSS3提供了两种方法来处理动画效果:过渡(transition)和动画(animation)。两者在工作方式上很类似,但出发点明显不同。过渡用来描述一个属性由一个值向另一个值逐渐改变;动画则更具体一些,用来定义复杂动画的关键帧。

接下来要给在8.1节实现的登录表单增加点趣味。产品经理希望看到表单字段在获得用户焦点时呈现一个不同颜色的淡入淡出效果,同时还希望当用户输入错误的用户名和密码时表单会晃动。可以通过简单的过渡特性来实现表单字段的淡入淡出效果,并使用动画特性来实现表单晃动。

8.4.1　使用 CSS 过渡特性实现淡入淡出效果

在3.5节,我们写过一些在元素获得焦点时改变其背景色的代码。

```
li>span[contenteditable=true]:focus{
  background-color: #ffa;
  border: 1px shaded #000;
}
```

像这样直接用新的背景色和边界替代原有的样式是一种比较唐突的改变方式。但是通过CSS过渡特效,我们可以让这种改变在一段时间内完成。所要做的就是定义如何让过渡特性生效、应该在多长时间内完成以及应用哪些属性。

可以使用以下属性来定义过渡特性。

❑ transition-property:定义将应用过渡效果的CSS属性;

❑ transition-duration:指定过渡效果执行的时间;

❑ transition-delay:定义执行过渡操作之前的等待时间;

❑ transition-timing-function:指定过渡过程的中间值如何规定。

8.4.2 理解调速函数

还记得代数课上老师让你图解方程时，你还在想不知道以后何时才会用到它的情形吗？

`transition-timing-function`属性描述了动画运动时段内过渡效果如何随着时间变化。我们使用三次贝塞尔曲线来指定调速函数，它由图形上的四个控制点定义而来。每个点都有一个X轴坐标值和一个Y轴坐标值，值的范围从0到1。第一个和最后一个控制点通常设为(0.0, 0.0)和(1.0, 1.0)，剩余两个中间点决定曲线形状。这就是我们定义动画的加速曲线的方法，如果你曾经处理过动画，或许听说过缓动（easing）这个术语。

在规范中已事先定义了几种内建的easing函数：

- [ ] `linear`；
- [ ] `ease-in`；
- [ ] `ease-out`；
- [ ] `ease-in-out`；
- [ ] `ease`。

如果希望动画匀速，就选择`linear`；如果希望动画慢速开始，然后加速，就使用`ease-in`；如果希望动画慢速开始，然后加速，最后减速则使用`ease-in-out`。

每种函数都定义了一个三次贝塞尔曲线，虽然它们对于许多场景而言足够了，但掌握它们的工作原理能够帮助你借助`cubic-bezier()`函数来定义自己的easing调速函数。接下来了解一下这些函数。

linear（线性，匀速）曲线的控制点设在两个端点上，形成了一条45度角的直线。linear曲线的四个控制点分别为((0.0, 0.0), (0.0, 0.0), (1.0, 1.0), (1.0, 1.0))，如图8-9所示。

图 8-9

更复杂一些的曲线，其四个控制点为((0.0, 0.0), (0.42, 0.0), (1.0, 1.0), (1.0, 1.0))，叫作ease-in（加速）曲线，如图8-10所示。

在这里，只有第二个控制点发生了改变，它能够影响线条左下角部分产生曲线。因此，动画在开始时会比较慢，然后逐渐加速直至结束。

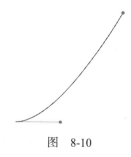

图　8-10

相比之下，ease-out（减速）曲线定义的动画以正常速度开始，最后减速结束，如图8-11所示。

图　8-11

该曲线的控制点为((0.0, 0.0), (0.0, 0.0), (0.58, 1.0), (1.0, 1.0))。

ease-in-out（加速然后减速）曲线在底部和顶部各有一段曲线（如图8-12所示）:

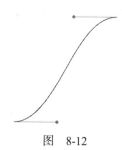

图　8-12

该曲线的四个控制点为((0.0, 0.0), (0.42, 0.0), (0.58, 1.0), (1.0, 1.0))，动画启动后将逐渐加速，最后减速结束。

ease曲线与ease-in-out曲线类似，但动画启动时的速度比结束时稍微快一些。

如果提供四个控制点给cubic-bezier()函数，你就可以定义自己的调速函数。

css3_animation/examples/style.css
```
.bounce{
  transition-property: left;
  transition-timing-function: cubic-bezier(0.1, -0.6, 0.2, 0);
  transition-duration: 1s;
```

```
}
.bounce:hover{
 left: 200px;
}
```

这个调速函数在动画开始时会有个微微的弹跳效果，第二个控制点的负值设置是弹跳效果产生的关键。由于起始控制点仍然是(0.0, 0.0)，因此，我们能够获得一个微微的弹跳效果。[①]

如果你想进一步掌握三次贝塞尔曲线的处理方法，推荐你看一个非常棒的样例，它能够帮助你更好地理解相应的坐标设置：http://www.netzgesta.de/dev/cubic-bezier-timing-function.html。

8.4.3 创建过渡特效

选择一个字段时，我们希望字段的颜色能产生过渡效果。要达成此目的，我们在表单元素上定义过渡属性（transition-property）。将设置里的内容属性（如以下代码中的background及border属性）看作过渡效果的应用源，进而通知浏览器监控其内容属性的变化，同时，定义当内容属性发生改变时将产生怎样的动画效果。

```
input[type="email"], input[type="password"]{
    transition-timing-function: linear;
    transition-property: background, border;
    transition-duration: 0.3s;
}
```

这是定义过渡特效的标准方式，但如果你打算让过渡效果得到所有浏览器的支持，就必须使用之前我们处理其他CSS属性时的做法，通过加上-webkit-和-moz-等供应商前缀来再次定义这些属性。这将导致过程及代码有点冗长。幸好有一种专门针对该场景的简化符号，建议定义过渡效果时使用。

css3_animation/stylesheets/style.css
```
.login input[type="email"], .login input[type="password"]{
    -webkit-transition: background 0.3s linear
                        border 0.3s linear;
       -moz-transition: background 0.3s linear,
                        border 0.3s linear;
         -o-transition: background 0.3s linear,
                        border 0.3s linear;
            transition: background 0.3s linear,
                        border 0.3s linear;
}
```

这种简化的过渡属性定义方式需要我们提供应用过渡效果的CSS属性、过渡效果执行时长以

[①] 实际上，传给cubic-bezier()函数的是四个控制点中的第二、三个控制点，因为第一、四个控制点约定为(0.0, 0.0)、(1.0, 1.0)。——译者注

及调速函数。我们可以通过用逗号隔开的方式，指定多个系列的CSS属性、时长和调速函数。

当然，如果你打算在老版本的Firefox和Opera上应用过渡效果，还需要分别使用`-moz-`以及`-o-`等前缀再次定义这些过渡属性（不是指简化符号方式），简单起见，这里就不做展开。

我们定义了过渡效果的相关属性，因此，当我们通过`:focus`按如下代码添加对CSS属性的修改时，浏览器就会顺畅地对背景色及边框应用过渡效果。

css3_animation/stylesheets/style.css
```
.login input[type="email"]:focus, .login input[type="password"]:focus{
  background-color: #ffe;
  border: 1px solid #0e0;
}
```

过渡特性提供了一种简单方式，让CSS属性从一个值过渡到另一个值并随之产生动画效果，但这并非实现动画的唯一方式。

8.4.4　利用CSS3动画特性实现表单晃动效果

当我们需要从一端移动到另一端，或者将CSS属性从一种状态过渡到另一种状态时，过渡特性是不错的选择。但要创建一个晃动或隆隆作响的特效时，晃动的区块会从一边移到另一边，这时就需要一些更高级的功能来实现。通过CSS的动画特性[1]，可以为动画定义关键帧。晃动除了将区块左右来回移动几次外，也没有什么稀奇的。

我们来定义一个晃动的动画效果。在stylesheets/style.css样式表文件里通过`@keyframes`添加关键帧的定义。

css3_animation/stylesheets/style.css
```
@keyframes shake{
  0%{left:0;}
  20%{left:-2%;}
  40%{left:2%;}
  60%{left:-2%;}
  80%{left:2%;}
  100%{left:0;}
}
```

这是定义动画效果的标准方式，并能够在IE 10以及大多数的Firefox、Chrome最新版本浏览器上呈现。但要想在Safari上也能够正常工作，你还需要使用特定浏览器前缀再次定义关键帧，正如处理过渡效果时那样。

---

[1] http://www.w3.org/TR/css3-animations/

css3_animation/stylesheets/style.css

```
@-webkit-keyframes shake{
  0%{left:0;}
  20%{left:-2%;}
  40%{left:2%;}
  60%{left:-2%;}
  80%{left:2%;}
  100%{left:0;}
}
```

记住，如果还想支持其他浏览器，就需要使用-moz-、-opera-等前缀继续定义关键帧。

我们已经定义了晃动效果所需的关键帧，接下来可以将动画效果应用到一个CSS规则上。只有在用户提交了表单并捕捉到用户名和密码错误时才会触发晃动效果。因此，我们通过jQuery捕捉提交事件并触发一个Ajax请求。之后，给表单添加一个shake类，用来触发晃动。先在样式表里添加shake规则，代码如下所示。

```
.shake{
  animation-name: shake;
  animation-duration: 0.5s;
  animation-delay: 0;
  animation-iteration-count: 1;
  animation-timing-function: linear;
}
```

这个标记与定义过渡特性时的方式非常类似。我们对动画、调速函数、时长、延时以及重复次数进行了设定。

这里仍然需要较多的代码，特别是需要顾及添加特定浏览器前缀的情况。我们依旧通过简化符号来减少代码量。

css3_animation/stylesheets/style.css

```
.shake{
  -webkit-animation: shake 0.5s 1;
    -moz-animation: shake 0.5s 1;
        animation: shake 0.5s 1;
}
```

以上就是CSS代码。现在我们只需在表单提交失败时应用该CSS样式即可。首先，创建一个新文件javascripts/form.js，并编写一个处理Ajax请求的函数。

css3_animation/javascripts/form.js

```
var processLogin = function(form, event){
  event.preventDefault();
  var request = $.ajax({
    url: "/login",
    type: "POST",
```

```
    data: form.serialize(),
    dataType: "json"
  });
  request.done = function(){
    // 登录表单Ajax请求操作成功后的处理
  };
  return(request);
};
```

这个函数有两个参数：一个jQuery对象（包含应被提交的表单），以及对应的表单事件。我们阻止了事件的默认行为，然后创建Ajax请求，传入序列化表单的数据（将表单提交的元素值编译成字符串）。

我们通过jQuery提供的异步编程Promise模式，定义服务端返回成功响应时的动作。Promise模式可以让我们避免嵌套回调的代码编写方式。

jQuery的$.ajax()方法返回一个实现了Promise接口的对象。在$.ajax()方法内定义success()回调函数的做法已过时，我们在$.ajax()返回的对象上定义done()和fail()回调函数。这些回调函数在Ajax请求完成或者请求已结束时就会被调用。这样一来，我们就可以以Promise编程方式定义回调函数，程序其他部分也可以使用这些代码。同时，这也能够帮助我们将代码分割成更小的代码块，而不是全部堆砌在一个臃肿的回调函数中。要深入了解Promise模式，推荐阅读Trevor Burnham的*Async JavaScript: Build More Responsive Apps with Less Code*[Bur12]一书①。

我们已经在processLogin()函数里定义了done()回调函数。要使得登录失败时表单产生晃动效果，需要创建两个事件监听器。第一个监听器处理表单提交事件，并调用我们刚刚写好的processLogin()函数。processLogin()函数返回Ajax请求对象，由于该请求对象实现了Promise接口，因此，我们现在就可以定义fail()回调函数，在fail()里，我们把shake类应用到表单上。

css3_animation/javascripts/form.js
```
var addFormSubmitWithCSSAnimation = function(){
  $(".login").submit(function(event){
    var form = $(this);
    request = processLogin(form, event);
    request.fail(function(){
      form.addClass("shake");
    });
  });
};
```

① 本书中文版《JavaScript异步编程：设计快速响应的网络应用》已由图灵教育引进出版：http://www.ituring.com.cn/book/1132。——译者注

一旦动画执行完毕，我们需要移除shake类，以便下一次表单提交（且提交失败）时还可以执行晃动动画。animationEnd()事件在动画结束时触发，因此，我们需要为该事件定义一个事件处理函数。只不过，这些事件同样需要加上特定前缀，我们不得不继续面面俱到。

css3_animation/javascripts/form.js
```
var addAnimationEndListener = function(){
  $(".login").on
    ("webkitAnimationEnd oanimationend msAnimationEnd animationend"
      function(event){
        $(this).removeClass("shake");
  });
};
```

最后，调用添加了侦听器的方法。

css3_animation/javascripts/form.js
```
addFormSubmitWithCSSAnimation();
addAnimationEndListener();
```

现在，当我们点击提交按钮，请求失败并产生了表单晃动效果。可以把这些JavaScript代码写在一个大函数里，但通过将其变成较小的代码块并使用Promise模式，为那些不支持动画特性的浏览器添加回退方案的工作就会变得容易许多。

8.4.5 回退方案

实现过渡及动画效果的最佳回退方案是使用jQuery库。我们需要同时使用jQuery库和jQuery Color插件，此外，考虑到各种浏览器对HTML5/CSS3的支持程度不同，我们还需要Modernizr库来侦测其支持程度并调用合适的处理代码。

首先，在<head>标签里添加Modernizr库的引用，如同我们在3.1节所做的那样，此外，也同样按3.1节讲述的方式处理load()函数。

css3_animation/index.html
```
<script src="javascripts/modernizr.js"></script>
```

接下来，下载jQuery Color插件并放在javascripts文件夹内，我们需要该插件来处理动画效果的颜色部分。[1]

现在，我们来处理实际的回退代码。

---

[1] http://code.jquery.com/color/jquery.color-2.1.2.min.js

1. 通过jQuery处理过渡效果

当我们选择一个文本框，想要实现同样的淡入淡出效果时，可以通过jQuery的animate()方法来实现。然而，我们不得不使用两个事件：当字段获得焦点时，我们希望淡入效果为黄色；失去焦点时，则希望颜色淡出回到白色。以下是实现代码：

css3_animation/javascripts/form.js
```javascript
var addTransitionFallbackListeners = function(){
  $(".login input[type=email], .login input[type=password]").focus(function(){
    $(this).animate({
        backgroundColor: "#ffe"
    }, 300 );
  });
  $(".login input[type=email], .login input[type=password]").blur(function(){
    $(this).animate({
        backgroundColor: "#fff"
    }, 300 );
  });
};
```

我们在一个函数内定义了这两个事件。接下来，使用Modernizr库检测浏览器对过渡特性的支持情况，如果浏览器不支持该特性，则加载jQuery color插件，然后定义回调函数以调用上面的addTransitionFallbackListeners函数。

css3_animation/javascripts/form.js
```javascript
Modernizr.load(
  {
    test: Modernizr.csstransitions,
    nope: "javascripts/jquery.color-2.1.2.min.js",
    callback: function(url, result){
      if (!result){
        addTransitionFallbackListeners();
      }
    }
  }
);
```

这样就可以实现过渡效果了。有了jQuery，添加过渡效果就变得非常容易。接下来讨论动画特性的回退方案。

2. 通过jQuery处理动画效果

还可以通过jQuery的animate()方法来实现表单的晃动特效。在javascripts/form.js文件里，定义一个新的addFormSubmitWithFallback()函数以处理表单提交事件，在其中调用我们已有的processLogin()方法，并定义fail()回退方法。这和前面的处理类似，只是这次我们用jQuery来实现表单晃动动画。

css3_animation/javascripts/form.js
```
var addFormSubmitWithFallback = function(){
  $(".login").submit(function(event){
    var form = $(this);
    request = processLogin(form, event);
    request.fail(function(){
      form.animate({left: "-2%"}, 100)
        .animate({left: "2%"}, 100)
        .animate({left: "-2%"}, 100)
        .animate({left: "2%"}, 100)
        .animate({left: "0%"}, 100);
    });
  });
};
```

最后，使用Modernizr库来检测浏览器对动画特性的支持情况。如果浏览器支持动画特性，则使用原有方法。如果不支持动画特性，就调用刚刚实现的**addFormSubmitWithFallback()**回退函数，该函数仍调用前面实现的表单处理代码，但所不同的是，这次是在**fail()**方法中通过回退代码来处理动画效果。

css3_animation/javascripts/form.js
```
➤  if(Modernizr.cssanimations){
     addFormSubmitWithCSSAnimation();
     addAnimationEndListener();
➤  }else{
➤    addFormSubmitWithFallback();
➤  }
```

有少量代码是重复的，但通过将大部分通用代码移到一个通用函数里，代码就会更便于管理。再加上这样做之前已经对Promise模式有所了解，因此，我们做得还不错。

再花点时间回顾一下我们所做的，并思考一下这么做是否有必要。如本章其他部分所提到的，这些工作可能并不值得你花太多时间，甚至没必要创建回退方案。假设只有15%的用户看不到晃动效果，你还会在乎吗？有能力创建回退方案并不意味着就应该创建它，当然，除非这件事关乎你的薪水。

8.5　未来展望

本章我们探讨了一些使用CSS3技术替代传统Web开发技术的新方式，但也只是浅尝辄止。CSS3规范还包含了3D转换、多边框图片、倒影，甚至还包含了图片滤镜效果。

当CSS3模块最终完成时，随着表现层与行为的进一步分离，为用户开发出更好、更丰富、更引人入胜的界面元素的工作将会轻松很多。现在，使用jQuery开发的效果完全可以通过CSS来实现，从创建简单的菜单到创建复杂的可折叠面板都没有问题。要留意规范的进展，并不断探索。

Part 3

标记之外

我们已经探讨了 HTML5 和 CSS3 的标签,现在,让我们将注意力转向与 HTML5 相关的一些技术和特性上。这些新特性能够满足我们在跨域通信、创建离线应用解决方案、管理浏览器历史记录、创建更具交互性的界面以及实现与服务器间持久连接等方面的需求。

其中一些特性已从 HTML5 规范中分拆了出来。其余的特性则从未成为过 HTML5 规范中的一部分,但浏览器生产厂商和开发者早已将它们跟 HTML5 紧密联系在了一起,因为 HTML5 规范始终跟这些特性一同实现和演进。无论是 HTML5,还是这些新特性,都是创建更丰富体验应用的"神兵利器"。

第9章

客户端数据储存

cookie技术很牛？相信跟你一样，我也深表怀疑！自从cookie技术问世以来，它就总折磨着开发人员，但我们不得不忍受着这种折磨，因为它是唯一可靠的客户端数据存储技术。

要使用cookie，我们不得不为其命名并设置存活期限。这迫使开发人员编写一堆的JavaScript代码，并用函数将其封装起来，为的是不用再重复回想它的实现方式，如以下代码：

```
html5_localstorage/setcookie.js
// 引自http://www.javascripter.net/faq/settinga.htm
function SetCookie(cookieName,cookieValue,nDays) {
var today = new Date();
var expire = new Date();
if (nDays==null || nDays==0) nDays=1;
expire.setTime(today.getTime() + 3600000*24*nDays);

document.cookie = cookieName+"="+escape(cookieValue)
                + ";expires="+expire.toGMTString();
}
```

除了难以记住的语句，cookie还存在着安全担忧。一些网站利用cookie来跟踪用户的上网行为，因此，用户常以某种方式禁用它，或者频繁删除它。

HTML5引入了客户端数据存储的新方法：Web Storage（使用localStorage或sessionStorage）[1]、IndexedDB[2]以及Web SQL Databases[3]。这些新技术强大到令人难以置信，而且相当安全。最可喜的是，这些技术目前都已被几种浏览器实现了，包括iOS平台的Safari以及Android 2.0的浏览器。从技术上讲，他们不是HTML5规范的一部分了，因为他们已经形成了自己的规范。

虽然这些实现无法替代cookie用于在客户端和服务端共享的目的——如在Web应用中使用cookie来管理跨请求状态——cookie可用于存储用户个人所需数据，诸如界面设置或偏好设置。但它们在构建移动应用时就能派上用场了，因为这些应用能够在浏览器上运行，但又不会时刻保

---

[1] http://www.w3.org/TR/webstorage/

[2] http://www.w3.org/TR/IndexedDB

[3] http://www.w3.org/TR/webdatabase/

持网络连接。当前许多的Web应用通过调用服务器端的服务来存储用户数据，但自打有了这些新的数据存储机制之后，联网对于应用而言就不再是必选项了。用户数据可以存储在本地，只有在必要时，才将其备份或同步到服务器。

当你将这些技术与HTML5的离线新特性结合起来，就能够在浏览器上创建完整的数据库应用，并能在桌面电脑、平板电脑乃至智能手机等各种平台上运行。本章，你将学到如何利用这些技术来保存用户设置，并创建一个简单的注意事项数据库。

我们将探讨下列特性。

☐ `localS torage`：以键/值对方式存储数据，绑定到某个域，并存储跨浏览器会话数据（C 5、F 3.5、S 4、IE 8、O 10.5、iOS 3.2、A 2.1）。

☐ `sessionS torage`：以键/值对方式存储数据，绑定到某个域，当浏览器会话结束时数据将被删除（C 5、F 3.5、S 4、IE 8、O 10.5、iOS 3.2、A 2.1）。

☐ IndexedDB：通过一个浏览器内建对象存储器（在IndexedDB中称为object store，也就是通常意义上的数据表），存储跨会话数据（C 25、F 10、IE 10）。

☐ Web S QL Databases：一个完整的关系型数据库，支持创建表、插入、更新、删除、查询等操作，并支持事务。绑定到某个域，存储跨会话数据。但已不再是活动的规范了（C 5、S 3.2、O 10.5、iOS 3.2、A 2）。

☐ 离线Web应用：定义离线使用的缓存文件，允许应用在离线状态下运行（C 4、F 3.5、S 4、O 10.6、iOS 3.2、A 2）。

9.1 实例 27：用 Web Storage 存储偏好设置

Web Storage机制为开发人员提供了一种通过浏览器内建的键/值存储方式进行客户端数据存储的简单方法。只需要极少量的JavaScript代码，就能轻易完成存储或获取简单数据串的操作。它是最流行的客户端存储API之一，IE 8、老版本iOS及Android浏览器都支持它。

Web Storage的`localStorage`方式，其保存的是浏览器会话间的数据，且不能被其他网站访问，因为它受限于你当前访问的网站。当你在本地开发应用时，需要留意一下，如果你使用一个如`localhost`这样的本地服务器，一不小心就很容易混淆各种变量，接下来就不得不频繁地要求浏览器清除存储数据。

AwesomeCo公司正在开发一个新的客户服务门户，并希望用户能够更改网站文本大小、背景以及文本颜色。我们将用Web Storage技术来实现这个需求，以便在我们保存更改后，这些数据后续还能被新的浏览器会话恢复并使用。这些工作处理完之后，我们的原型效果图如下所示。

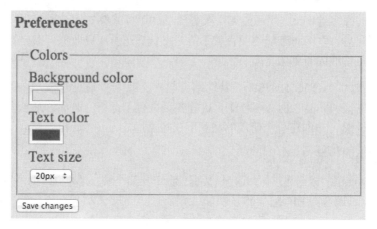

图9-1   偏好设置页面

9.1.1   创建偏好设置表单

我们来用一些语义性的HTML5标记以及第3章中提到的新控件来打造偏好设置表单。我们希望用户能够自己更改前景色、背景色以及字体大小。

html5_localstorage/index.html

```html
<!DOCTYPE html>
<html lang="en-US">
  <head>
    <meta charset="utf-8">
    <title>Preferences</title>
    <link rel="stylesheet" href="stylesheets/style.css">
    <script src="javascripts/modernizr.js"></script>
  </head>
  <body>
    <div id="container">
      <p><strong>Preferences</strong></p>
      <form id="preferences" action="save_prefs"
          method="post" accept-charset="utf-8">
        <fieldset id="colors" class="">
          <legend>Colors</legend>
          <ol>
            <li>
              <label for="background_color">Background color</label>
              <input class="color" type="color" name="background_color"
                  value="" id="background_color">
            </li>
            <li>
              <label for="text_color">Text color</label>
              <input class="color" type="color" name="text_color"
```

```
              value="" id="text_color">
        </li>
        <li>
          <label for="text_size">Text size</label>
          <select name="text_size" id="text_size">
            <option value="16">16px</option>
            <option value="20">20px</option>
            <option value="24">24px</option>
            <option value="32">32px</option>
          </select>
        </li>
      </ol>
    </fieldset>

    <input type="submit" value="Save changes">
    </form>
  </div>
</body>
</html>
```

我们将使用代码来设置颜色，并将相应字段类型设置为颜色字段（type="color"）。同时，再添加一些样式来设置表单。

html5_localstorage/stylesheets/style.css
```
form ol{
  list-style: none;
  margin: 0;
  padding: 0;
}

form li{
  margin: 0;
  padding: 0;
}

form li label{ display:block; }
```

通过以上工作,偏好设置原型就准备好了。现在来保存更改表单上的偏好设置后的结果数据。

9.1.2 保存及恢复偏好设置数据

想要使用localStorage方法，我们需要通过JavaScript来访问window.localStorage()对象。设置一个名字/值对（保存操作）的方法很简单，如以下代码所示。

html5_localstorage/javascripts/storage.js
```
localStorage.setItem("background_color", $("#background_color").val());
```

取回一个值同样很简单。

9

html5_localstorage/javascripts/storage.js

```
var bgcolor = localStorage.getItem("background_color");
```

接下来，创建一个方法，保存表单操作的所有设置数据。创建新文件javascripts/storage.js并添加以下代码：

html5_localstorage/javascripts/storage.js

```
var save_settings = function(){
  localStorage.setItem("background_color", $("#background_color").val());
  localStorage.setItem("text_color", $("#text_color").val());
  localStorage.setItem("text_size", $("#text_size").val());
  apply_preferences_to_page();
};
```

这个方法取出表单字段的值，并将这些值通过键/值对方式（作为键/值对中的"值"）保存到localStorage中。

现在，继续创建一个类似的方法，从localStorage中取回数据值并设置到表单字段中去。

html5_localstorage/javascripts/storage.js

```
var load_settings = function(){
  var bgcolor = localStorage.getItem("background_color");
  var text_color = localStorage.getItem("text_color");
  var text_size = localStorage.getItem("text_size");

  $("#background_color").val(bgcolor);
  $("#text_color").val(text_color);
  $("#text_size").val(text_size);

  apply_preferences_to_page();
};
```

这个方法同样调用了一个叫做apply_preferences_to_page()的方法，该方法应用相关偏好设置值到页面本身，以使页面发生变化。下面我们就来实现它。

9.1.3　为页面应用偏好设置值

现在，可以从localStorage获取偏好设置值了，获取这些值后，还需要将其应用到页面上。我们涉及的偏好设置操作在某种程度上都依赖于CSS技术，因此，在这里，我们通过jQuery来更改元素的样式。

html5_localstorage/javascripts/storage.js

```
var apply_preferences_to_page = function(){
  $("body").css("backgroundColor", $("#background_color").val());
  $("body").css("color", $("#text_color").val());
  $("body").css("fontSize", $("#text_size").val() + "px");
};
```

最后，在storage.js脚本文件的底部添加以下代码：

html5_localstorage/javascripts/storage.js
```
load_settings();

$('form#preferences').submit(function(event){
  event.preventDefault();
  save_settings();
});
```

还有一件事情需要处理，那就是当HTML页面加载时，加载我们的脚本文件和jQuery库。将以下两行添加到**</body>**闭标签之前。

html5_localstorage/index.html
```
<script src="http://ajax.googleapis.com/ajax/libs/jquery/1.9.1/jquery.min.js">
</script>
<script src="javascripts/storage.js"></script>
```

现在来设置存储器会话的数据保存。

---

sessionStorage

　　可以使用localStorage来存储浏览器关闭时希望保存的数据，但有时浏览器是打开的，我们希望保存数据直到会话结束。这就到了sessionStorage发挥作用的时候了。sessionStorage的工作方式跟localStorage一样，但sessionStorage保存的内容在浏览器会话结束时即消除干净。现在你应该获取sessionStorage对象，而不是localStorage对象。

```
sessionStorage.setItem('name', 'Brian Hogan');
var name = sessionStorage.getItem('name');
```

　　这可比cookie方式便捷多了。

9

9.1.4　回退方案

　　localStorage方法可以在所有现代浏览器以及部分老式浏览器上应用，因此，我们并不需要客户端回退方法。然而，保存于localStorage中的数据，是无法与服务端或其他电脑共享的。也就是说，如果用户在家里的电脑上做了设置更改，这些改变就无法应用到其工作电脑上。此外，如果用户禁用了JavaScript，localStorage就无法工作了。所以，一个好的回退方案应该也要将这些设置数据保存到服务端上。对于此类应用，可以在用户提交时将设置数据保存到服务端，并关联到具体用户的记录上。这需要将表单打造成可以直接提交数据给服务端，并涉及修改页面程序，以便在无法进行客户端设置的情况下，能够通过服务器端保存设置数据的方式来确保功能正常。但在这里，服务器端的解决方案不在本书范围之内，读者可以自己尝试一下。

Web Storage技术对于存储小块数据而言不失为一种简单的方式，但它在移动设备上会遇到性能限制，且不适合用于保存大量数据。接下来，我们来看看如何才能存储结构更为复杂的客户端数据。

9.2 实例 28：使用 IndexedDB 将数据存储到客户端数据库中

`localStorage`和`sessionStorage`方法提供了一种简单方式，让我们可以在客户端存储简单的名字/值对数据，但它们还无法满足我们的所有需求。HTML5规范最初引入了将数据保存到关系型数据库中的能力。后来，存储部分的内容被剥离到了一个叫Web SQL Database的单独规范中。[①]

只要编过一点儿的SQL语句，都不会对Web SQL Database技术感到陌生。不过，规范废弃了Web SQL Database，转而支持IndexedDB。IndexedDB是个非常强大的对象数据库，虽然在使用上有些复杂。接下来讨论IndexedDB在创建简单的客户端Web应用方面的实践。但在这之前，你要做好心理准备，因为本实例会编写大量冗长的代码。但鉴于能够实现一个灵活的方式来存储客户端数据，这种努力还是值得的。

AwesomeCo公司想要为它的营销团队提供一个简单的应用，以收集旅途中的注意事项。该应用需要为用户提供创建新事项的功能，并让用户修改及删除存在项。

9.2.1 注意事项界面

注意事项界面包括一个左边栏，里面放的是已有事项的列表，右边有个表单，表单由一个标题字段以及一个较大的多行文本区域组成，用来新建事项。界面效果如图9-2所示。

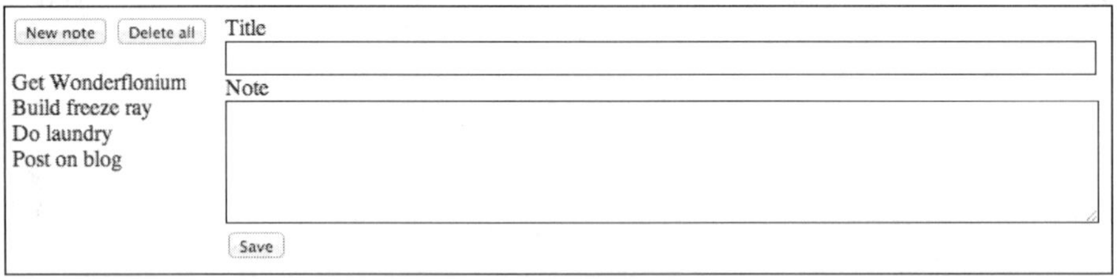

图9-2 注意事项界面

首先，我们需要对界面进行编码。

① http://dev.w3.org/html5/webdatabase/

html5_indexedDB/index.html

```html
<!DOCTYPE html>
<html>
  <head>
    <meta charset="utf-8">
    <title>AwesomeNotes</title>
    <link rel="stylesheet" href="stylesheets/style.css">
    <script src="javascripts/IndexedDBShim.min.js"></script>
  </head>
  <body>
    <div id="container">
      <section id="sidebar">
        <input type="button" id="new_button" value="New note">
        <input type="button" id="delete_all_button" value="Delete all">
        <ul aria-live="polite" id="notes">
        </ul>
      </section>
      <section id="main" aria-live="polite">
        <form>
          <ol>
            <li>
              <label for="title">Title</label>
              <input type="text" id="title">
            </li>
            <li>
              <label for="note">Note</label>
              <textarea id="note"></textarea>
            </li>
            <li>
              <input type="submit" id="save_button" value="Save">
              <input type="submit" id="delete_button" value="Delete">
            </li>
          </ol>
        </form>
      </section>
    </div>
  </body>
</html>
```

我们使用<section>标签定义了侧边栏以及主要内容区块，并给每个重要的用户界面控件分配了ID，诸如保存按钮。这将更方便我们定位元素，以绑定事件监听器。

我们还需要一个样式表，以设置样式让界面效果如图9-2所示。这个样式文件style.css的代码如下：

html5_indexedDB/stylesheets/style.css

```css
#container{
  margin: 0 auto;
```

9

```
  width: 80%;
}
#sidebar, #main{
  display: block;
  float: left;
}

#main{ width: 80%; }

#sidebar{ width: 20%;}

form ol{
  list-style: none;
  margin: 0;
  padding: 0;
}

form li, #sidebar li{
  margin: 0;
  padding: 0;
}

form li label{ display:block; }

#note, #title{
  border: 1px solid #000;
  font-size: 20px;
  width: 100%;
}


#sidebar ul{
  list-style: none;
  padding: 0;
};

#sidebar li{ cursor: hand; cursor: pointer; }

#title{ height: 20px; }

#note{ height: 80px; }
```

这个样式表消除项目符号，设置多行文本字段大小，并设置两栏布局。随着界面的完成，接下来，我们来编写JavaScript实现代码。

9.2.2   创建并连接数据库

创建新文件javascripts/notes.js，我们将把所有的应用逻辑都放在这里面。同时，确保该文件最终添加在index.html的</body>闭标签之前，紧邻jQuery库的加载位置，但jQuery库的加载位置在其之上，我们使用jQuery来处理事件以及简单的DOM操作。

---
html5_indexedDB/index.html

```
<script
  src="http://ajax.googleapis.com/ajax/libs/jquery/1.9.1/jquery.min.js">
</script>
<script src="javascripts/notes.js"></script>
```

在javascripts/notes.js文件里，为应用程序设置一些变量。

---
html5_indexedDB/javascripts/notes.js

```
// 数据库引用
var db = null;
window.indexedDB = window.indexedDB || window.mozIndexedDB ||
                   window.webkitIndexedDB ||window.msIndexedDB;
```

我们在脚本文件的开始处声明**db**变量，后续创建的方法将用到该变量。这里将这些变量置于全局作用域，这并不总是一个好主意。在这个例子中，我们会尽力确保JavaScript代码简洁明了。

接下来定义**window.indexedDB**变量，但是不同的浏览器有着不同的对象名称。幸运的是，尽管有着不同的对象名称，它们的工作原理却几乎一样，因此，我们可以创建一个变量并引用它。

创建一个简单的函数，以处理数据库连接：

---
html5_indexedDB/javascripts/notes.js

```
var connectToDB = function(){
  var version = 1;
  var request = window.indexedDB.open("awesomenotes", version);
  request.onsuccess = function(event) {
    db = event.target.result;
    fetchNotes();
  };
  request.onerror = function(event){
    alert(event.debug[1].message);
  }
};
```

这里通过indexedDB的open()方法来创建数据库连接。在连接数据库时，我们指定了一个模式版本号，同时获取作为返回值的请求对象。该请求对象拥有一个success()回调函数，当数据库连接建立之后就会调用该函数，如果连接失败，则调用error()回调函数。

在success()回调函数里，我们调用了fetchNotes()方法，在后面会创建该方法。这个方法将检索数据库并将注意事项加载到左边栏。但在继续操作数据库之前，需要先来创建fetchNotes()方法。

9.2.3　创建注意事项表

我们的注意事项表需要三个字段：

字　段	说　明
id	注意事项的唯一识别码
title	注意事项的标题，便于引用
Note	注意事项的具体内容

要创建这个表，我们在 connectToDB() 方法里创建的请求对象上添加一个回调函数 onupgradeneeded()。该回调函数在模式版本改变时会触发。在这个例子中，connectToDB() 方法指定版本并连接到一个目前还不存在的数据库上。之后，浏览器会触发 onupgradeneeded() 回调函数，因为这个回调函数知道我们此时需要创建一个表。在 connectToDB() 中添加以下代码：

html5_indexedDB/javascripts/notes.js

```
var connectToDB = function(){
  var version = 1;
  var request = window.indexedDB.open("awesomenotes", version);

➤ request.onupgradeneeded = function(event) {
➤   alert("unupgradeneeded fired");
➤   var db = event.target.result;
➤   db.createObjectStore("notes", { keyPath: "id", autoIncrement: true });
➤ };
  request.onsuccess = function(event) {
    db = event.target.result;
    fetchNotes();
  };
  request.onerror = function(event){
    alert(event.debug[1].message);
  }
};
```

createObjectStore() 方法定义我们要用到的数据库表。传入表名，接着传入一个散列选项。在这里，我们声明每条记录都有一个唯一、自增且名为 id 的键。

如果后期改变了版本号，onupgradeneeded() 会再次触发。这是一种修改用户机器上模式的简便方式。

现在，我们有了数据库表，可以让应用做些什么了。

9.2.4　加载注意事项

当应用加载时，我们希望连接到数据库，如果表还不存在就创建它，之后提取数据库中已有的注意事项记录。connectToDB() 方法负责连接及创建数据库，成功连接之后调用 fetchNotes()，我们马上来实现该方法。

fetchNotes()方法提取数据库中所有的注意事项记录。实现代码如下所示：

html5_indexedDB/javascripts/notes.js

```javascript
var fetchNotes = function(){
  var keyRange, request, result, store, transaction;

  transaction = db.transaction(["notes"], "readwrite");
  store = transaction.objectStore("notes");

  // 从存储器中获取数据；
  keyRange = IDBKeyRange.lowerBound(0);
  request = store.openCursor(keyRange);

  request.onsuccess = function(event) {
    result = event.target.result;
    if(result){
      addToNotesList(result.key, result.value);
      result.continue();
    }
  };

  request.onerror = function(event) {
    alert("Unable to fetch records.");
  };
};
```

这个方法通过游标从数据库中获取结果数据。如果结果数据被找到，就调用addNoteToList()方法，在左边栏上添加注意事项。通过调用result.continue()，这个过程会遍历每条数据库记录，该方法用来获取下一条记录，并再次调用onsuccess()回调函数。这不是循环，而是一个小小的递归事件。

我们需要同时获取结果的key及data。key是我们定义为keypath[①]的id字段，data则是一个包含了注意事项标题和内容的JavaScript对象。我们将key及data传给addNoteToList()，以将注意事项添加到左边栏上。addNoteToList()代码如下所示：

html5_indexedDB/javascripts/notes.js

```javascript
var addToNotesList = function(key, data){
  var item = $("<li>");
  var notes = $("#notes");

  item.attr("data-id", key);
```

[①] 键值可以以记录中的某个特定字段作为键值（称为keypath），也可以使用自动生成的递增数字作为键值（称为keyGenerator）。——译者注

```
item.html(data.title);
notes.append(item);
};
```

我们在元素上添加一个自定义数据属性，并设置属性值为数据库记录的ID字段值。当用户点击列表项时，我们通过ID定位要加载的记录。之后，往页面的无序列表中添加创建的列表项，列表项元素带有注意事项数据表notes的ID值。

我们通过jQuery的attr()方法设置包含数据库记录ID值的自定义数据属性。jQuery的data()方法可以操作自定义数据属性，[①]但data()方法在设置和获取HTML5 data-数据值时带有一定的副作用。通过data()方法获取的HTML5 data-数据值将被自动强制设为某种数据类型，因此，使用data()方法设置数据值时，要将数据设置为jQuery对象，而不是元素的自定义数据属性。考虑到简洁性和一致性，我们在这里将避免使用jQuery的data()方法。

现在，我们需要添加在表单中加载列表项的代码，当用户从列表中选择一条注意事项时，将会加载具体内容。

9.2.5　读取特定记录

我们可以给每个列表项添加一个click点击事件，但更加实用高效的做法是监控无序列表的所有点击事件，继而判断是由哪个元素触发的点击事件。这样一来，当我们添加新的列表项到列表中去时（比如添加了新的注意事项），就不必在所添加的每个列表项<li>元素上添加点击事件了。

在javascripts/notes.js文件中添加事件处理程序：

html5_indexedDB/javascripts/notes.js
```
$("#notes").click(function(event){
  var element = $(event.target);
  if (element.is('li')) {
    getNote(element.attr("data-id"));
  }
});
```

这段代码触发getNote()方法，获取列表项里的ID值并据此从数据库中取出对应的某条记录。我们按如下代码定义getNote()方法：

html5_indexedDB/javascripts/notes.js
```
var getNote = function(id){
  var request, store, transaction;
  id = parseInt(id);

  transaction = db.transaction(["notes"]);
  store = transaction.objectStore("notes");
```

---

① http://api.jquery.com/data/

```
    request = store.get(id);

    request.onsuccess = function(event) {
        showNote(request.result);
    };

    request.onerror = function(error){
        alert("Unable to fetch record " + id);
    };
}
```

这个方法看起来很像前面的 fetchNotes() 方法。我们通过调用存储器 store 的 get() 方法，并传入 ID 值，获取 request 请求对象。若请求成功，就通过调用 showNote() 方法在表单上显示注意事项，具体代码如下所示：

html5_indexedDB/javascripts/notes.js

```
var showNote = function(data){
    var note = $("#note");
    var title = $("#title");

    title.val(data.title);
    title.attr("data-id", data.id);
    note.val(data.note);

    $("#delete_button").show();
}
```

这个方法也会激活删除按钮，同时，还把记录 ID 赋给自定义数据属性，这样就能很方便地处理更新操作了。点击保存按钮时，将检查 ID 是否已存在。如果存在，就更新对应记录；否则，就认为是新记录。接下来，编写具体的逻辑处理代码。

9.2.6 创建、更新以及删除记录

我们的系统需要获取并显示数据库表中的注意事项记录，但首先要将注意事项存储到系统中。我们先来实现新增按钮，点击该按钮将清空表单，以便用户在编辑并保存一条已有注意事项后创建一条新记录。首先，创建新增按钮的点击事件处理代码：

html5_indexedDB/javascripts/notes.js

```
$("#new_button").click(function(event){
    newNote();
});
```

在这个事件处理程序中，我们清除 title 字段的 data-id 自定义数据属性，并从表单中清除注意事项的相关内容。同时，在页面中隐藏删除按钮。

```
html5_indexedDB/javascripts/notes.js
var newNote = function(){
  var note = $("#note");
  var title = $("#title");

  $("#delete_button").hide();
  title.removeAttr("data-id");
  title.val("");
  note.val("");
}
```

当用户点击保存按钮，我们希望代码能够插入新记录或者更新已有记录。在这里使用之前的
处理模式，来实现保存按钮的事件处理代码：

```
html5_indexedDB/javascripts/notes.js
$("#save_button").click(function(event){
  var id, note, title;

  event.preventDefault();
  note = $("#note");
  title = $("#title");
  id = title.attr("data-id");

  if(id){

    updateNote(id, title.val(), note.val());
  }else{
    insertNote(title.val(), note.val());
  }
});
```

这个方法检查表单标题字段的data-id自定义数据属性。如果ID不存在，表单就认为我们想
要插入一条新记录，并会调用我们接下来定义的insertNote()方法：

```
html5_indexedDB/javascripts/notes.js
var insertNote = function(title, note){
  var data, key

  data = {
    "title": title,
    "note": note,
  };

  var transaction = db.transaction(["notes"], "readwrite");
  var store = transaction.objectStore("notes");
  var request = store.put(data);
```

```
request.onsuccess = function(event) {
    key = request.result;
    addToNotesList(key, data);
    newNote();
  };
};
```

insertNote()方法添加记录到数据库表里去，并通过结果result的key属性获取刚创建记录的ID值。前面将ID字段设置成了自增字段，因此，当我们创建一个新记录时，数据库就会为这个新记录分配一个唯一的ID值。之后，调用addToNotesList()方法来添加注意事项到页面左边栏的无序列表中去，在这里，将key及剩余数据传给addToNotesList()方法。同时，还调用了newNote()方法，以清除表单中的内容。

接下来，需要处理更新操作。updateNote()方法看起来跟我们目前所添加的其他方法类似。

html5_indexedDB/javascripts/notes.js

```
var updateNote = function(id, title, note){
  var data, request, store, transaction;
  id = parseInt(id);
  data = {
    "title": title,
    "note": note,
    "id" : id
  };

  transaction = db.transaction(["notes"], "readwrite");
  store = transaction.objectStore("notes");
  request = store.put(data);

  request.onsuccess = function(event) {
    $("#notes>li[data-id=" + id + "]").html(title);
  };
};
```

当记录修改成功，就通过jQuery在左边栏里找出data-id属性与刚修改记录ID相匹配的<li>元素（即注意事项列表中的注意事项），更新注意事项标题。

删除记录与修改操作差不多。删除事件的实现如下：

html5_indexedDB/javascripts/notes.js

```
$("#delete_button").click(function(event){
  var title = $("#title");
  event.preventDefault();
  deleteNote(title.attr("data-id"));
});
```

接下来调用deleteNote()方法，该方法不仅从数据库中删除记录，同时还从左边栏的注意事项列表中删除注意事项。

html5_indexedDB/javascripts/notes.js

```
var deleteNote = function(id){
  var request, store, transaction;

  id = parseInt(id);

  transaction = db.transaction(["notes"], "readwrite");
  store = transaction.objectStore("notes");
  request = store.delete(id);

  request.onsuccess = function(event) {
    $("#notes>li[data-id=" + id + "]").remove();
    newNote();
  };
};
```

这个方法也调用了newNote()方法，以清除表单，这样我们就能创建一个新记录，而不会无意中复制了一条刚刚删除的记录。

最后，我们需要处理清除所有记录的操作。给全部删除按钮添加一个点击事件，代码如下所示：

html5_indexedDB/javascripts/notes.js

```
$("#delete_all_button").click(function(event){
  clearNotes();
});
```

该方法调用了clearNotes()方法，从数据库中删除所有记录。clearNotes()方法的代码模式和前面的代码如出一辙，如下所示：

html5_indexedDB/javascripts/notes.js

```
var clearNotes = function(id){
  var request, store, transaction;

  transaction = db.transaction(["notes"], "readwrite");
  store = transaction.objectStore("notes");
  request = store.clear();
  request.onsuccess = function(event) {
    $("#notes").empty();
  };

  request.onerror = function(event){
    alert("Unable to clear things out.");
  }
};
```

随着最后这一段代码的完成，我们的注意事项应用程序也就完成了。要让程序运行起来，需要调用connectToDB()方法并从数据库中加载记录。还需要调用newNote()方法，使表单随时可以被使用，这时，删除按钮也会被隐藏。

html5_indexedDB/javascripts/notes.js
```
connectToDB();
newNote();
```

所要做的就是以上这些。然而，我们不得不多思考一下这个应用。由于数据全都存于客户端，就像cookie一样，如果用户清除了浏览器缓存以及本地数据，这些内容就会被轻易地删除。与此同时，这些数据也不能在不同电脑间共享。要解决这些问题，我们需要实现一种途径来同步数据到服务端，不过，这个话题已超出了本书讨论的范围。

我们的应用可以在IE 10以及桌面版的Chrome、Firefox浏览器中运行。但是，Safari、Android浏览器以及iOS上的Safari并不支持IndexedDB技术。相反，它们支持废弃（但广泛使用）的Web SQL Databases规范。IE 8和IE 9既不支持Web SQL Databases，也不支持IndexedDB。接下来看这些场景将如何应对。

9.2.7　回退方案

最简单的回退方案应该就是说服此类应用的用户将浏览器升级为支持IndexedDB的浏览器，比如IE 10，或者，如果由于操作系统的限制无法升级到IE 10，那就升级到最新版本的Chrome。这种情况并非没有先例，特别是使用一个替代的浏览器就能够允许你利用新特性创建一个内部应用时。

当然，作为开发者，我们不能总是提出这样或那样的要求。但我们可以通过IndexedDBShim在支持Web SQL Databases规范的浏览器中运行我们的应用。[①]这就意味着我们可以轻易地让注意事项应用程序在iPhone、iPad以及Android平板等移动设备上运行，因为这些设备上的浏览器都支持Web SQL Databases规范。要使用IndexedDBShim，可以下载其压缩版本并在页面<head>标签中加载它：

html5_indexedDB/index.html
```
<script src="javascripts/IndexedDBShim.min.js"></script>
```

在这个例子中，需要在页面的<head>标签中加载IndexedDBShim，否则其功能可能在当前的Safari中无法得到支持，这将会导致程序无法运行。可以使用Modernizr库在需要IndexedDBShim库的时候再加载它，但这又将引发一个问题，就是不管什么情况下都加载另一个库（Modernizr库），目的只是为了借助它的检测功能来加载IndexedDBShim，这是否有意义呢？如果你打算使用Modernizr库来做其他事情，那么根据需要用它来加载各种库才会真正有意义。

随着这个回退方案的添加，当我们在Safari或其他支持Web SQL databases规范的浏览器中加载应用时，应用将正常运行。这个回退方案并不完美，因此你要仔细测试它，但对支持Web SQL

---

① http://nparashuram.com/IndexedDBShim/

databases的浏览器而言，这是一个可行的并以得到广泛支持的回退方案。

遗憾的是，目前尚无针对IE 8和IE 9的IndexedDB回退方案。这些浏览器的用户将无法体验到IndexedDB新特性带来的乐趣。

我们可以在浏览器端存储数据，除此之外，还可以创建离线应用。接下来，我们来探讨离线应用。

出色却又停滞的Web SQL Databases规范

Web SQL Databases草案规范定义了一个API，供开发者在浏览器端使用数据库；该数据库基于SQLite，一个普遍应用于iOS和Android平台的流行开源数据库。Safari、iOS平台的Safari、Android浏览器以及Chrome都实现了这个API，并且只要你懂得如何编写SQL语句，就会发现Web SQL Databases编程非常容易上手。然而，由于Web SQL Databases规范只聚焦于单一的实现，标准委员会决定废弃它，除非有人提出一个有竞争性的实现。于是，Mozilla以及微软决定转而推进IndexedDB，Google也随之在最新版本的Chrome中添加了IndexedDB支持。如果你想了解Web SQL databases的工作方式，可以在本书可供下载的源代码的html5_websql文件夹中，找到一个注意事项应用的Web SQL databases实现版本。对于在支持Web SQL databases技术的浏览器平台上开发应用，Web SQL databases规范将发挥重要的作用，尽管该规范已停滞。

9.3 实例 29：离线应用

随着HTML5对离线Web应用技术的支持，[1]我们就可以借助HTML及有关技术来创建无需连接到互联网也能够运行的应用。当开发可能在断开网络的情况下使用的移动应用时，这样做尤其有效。

Firefox、Chrome、Safari以及iOS、Android 2.0以上设备，都支持离线应用技术，但并没有一个针对IE 的回退解决方案。

AwesomeCo公司已经为它的销售团队购买了一些iPad，并希望将我们在9.2节创建的注意事项应用进一步做成离线应用。借助HTML5应用程序缓存manifest文件，这项任务将变得非常简单。接下来讨论manifest清单文件是如何工作的。

9.3.1 通过manifest文件定义应用程序缓存

我们的注意事项应用还有较多的依赖。下载HTML主页时，浏览器就得下载一些CSS及JavaScript文件。我们可以创建一个manifest文件，用来包含一些Web应用客户端文件（如HTML

---

[1] http://www.w3.org/TR/html5/browsers.html#offline

页面、CSS及JavaScript等文件）的列表，这些文件都是需要放置在客户端浏览器缓存中的，以便我们的应用可以离线使用。用户第一次访问HTML主页时，manifest文件列表中标注的所有文件就会下载到客户端。为了能够正常运行，应用需要引用的每个文件都应该在manifest文件中列出来。唯一的例外就是包含了清单列表的manifest文件自身不用列出，它将被隐式缓存。

我们为注意事项应用创建一个manifest文件，以便可以离线运行该应用。创建notes.appcache文件，它包含的内容如下：

html5_offline/notes.appcache
```
CACHE MANIFEST
# v = 1.0.0
stylesheets/style.css
javascripts/notes.js
javascripts/IndexedDBShim.min.js
javascripts/jquery-1.9.1.min.js
```

当我们改变代码时，需要同时修改更新manifest文件，以通知浏览器获取新版本代码。这时候，借助manifest文件中版本注释内容的更新（# v = 1.0.0），来相应更新manifest文件的时间戳，以便实际更新manifest文件列表项对应的缓存文件内容。

同时，我们前面引用了Google主机上的jQuery库，但这无法满足应用的离线使用要求，因此，我们需要下载jQuery库，并修改页面中<script>标签的引用代码，以加载放在本地javascripts目录下的jQuery库。

html5_offline/index.html
```
<script src="javascripts/jquery-1.9.1.min.js"></script>
<script src="javascripts/notes.js"></script>
```

接下来，通过改变<html>标签链接manifest文件到HTML文档：

html5_offline/index.html
```
<html manifest="notes.appcache">
```

这就是我们要做的全部工作。如果此时加载Chrome控制台，你就会发现manifest文件发挥作用了，如图9-3所示：

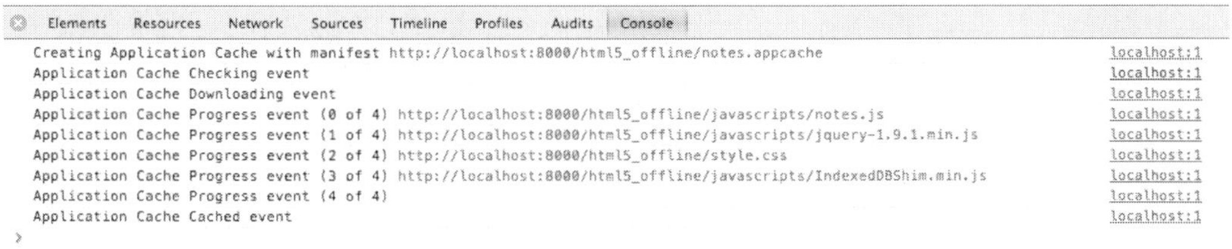

图9-3　Chrome控制台输出的缓存文件

一旦所有文件被浏览器缓存起来，用户就可以断开网络并离线使用应用了。这里还有一个小问题：manifest文件需要通过一个Web应用服务器才能提供给用户使用，这是因为manifest文件必须通过text/cache-manifest的MIME类型来提供给用户使用，否则浏览器不会使用它。本书源代码中提供了一个基于Node.js的服务器，可以用来测试相关程序。但如果你使用的是Apache应用服务器，可以在一个.htaccess文件中按如下代码所示设置MIME类型：

html5_offline/.htaccess

```
AddType text/cache-manifest .appcache
```

当我们第一次请求注意事项应用时，manifest文件中列出的这些文件就会被下载并缓存起来。随后，我们就可以断开网络，尽情离线使用该应用了。

一定要多了解规范，manifest文件还有许多可供使用的复杂选项。比如，你可以指定某个文件不能被缓存或不允许被离线访问，这对于忽略某些动态文件来说意义重大。

9.3.2   manifest文件与服务器端缓存设置

当你处于开发模式下工作时，也许会考虑在Web应用服务器设置中禁用缓存。但默认情况下，许多Web应用服务器都通过设置头部来缓存文件，以通知浏览器在给定时间内不要获取文件的新副本。当你添加一些文件到manifest文件中去时，这将给你带来麻烦。[①]

如果使用Apache，可以在.htaccess文件中做以下配置来禁用缓存：

html5_offline/.htaccess

```
ExpiresActive On
ExpiresDefault "access"
```

这将禁用全部目录的缓存，因此，并不适合生产环境。但它可以确保你的浏览器总是请求manifest文件的最新版本。

如果你更改了manifest文件中缓存列表项对应的文件，就要同步更新manifest文件，可以通过修改版本号注释的内容来完成此项操作。

9.3.3   检测网络连通性

我们开发的应用可以离线工作，但如果我们想要检测一个活动的网络连接并同步客户端数据到服务端去会怎样？我们也可以实现它。

首先，通过navigator.onLine属性，我们可以检测当前是否处于在线状态。

---

① 因为Web应用服务器通知浏览器不要获取文件的新副本，所以浏览器端的manifest文件就无法及时得到更新。

html5_offline/offlinetest.html
```
if (navigator.onLine) {
  alert('online')
} else {
  alert('offline');
}
```

Safari、Firefox以及Chrome支持navigator .onLine属性，且这种方式也很便捷，但上述代码只是简单地检测了网络连通性。这样一来，我们就可以掌握连接的当前状态。我们还有可供监听的事件，以处理网络断开连接的情况。

html5_offline/offlinetest.html
```
window.addEventListener("offline", function(e) {
  alert("offline");
}, false);

window.addEventListener("online", function(e) {
  alert("online");
}, false);
```

通过这种方式，我们可以检测网络是何时断开的，并显示一条信息；当网络再次可用时，又可以同步备份数据到服务端。

如果考虑在我们的注意事项应用中实现同步数据功能，将涉及一些服务端后台代码，这大大超出了本书范围。但你已经具备了进一步深入探究的基础。

9.4 未来展望

诸如Web Storage以及IndexedDB这样的新特性，为开发者提供了强大的功能及灵活性，以帮助他们创建不用连接到服务器就可以工作的Web应用。同样，在iPad及Android设备上运行的同类应用，在结合HTML5应用程序缓存manifest文件之后，我们就可以使用熟悉的Web技术来取代平台专有技术（如Objective-C和Java for Android），以创建丰富的离线应用。随着浏览器对这些新特性的广泛支持，开发者将会更好地利用新特性来创建跨平台运行的应用，在本地存储数据，并在网络连通时将这些本地数据同步到服务端。

9

第 10 章

创建交互式Web应用

10

除了新标记、样式以及多媒体功能外，HTML5和CSS3还提供了无比强大的API，用来创建更丰富、强大的Web应用程序。我们业已接触了在客户端存储数据的新特性，但我们还可以做得更好。本章开头将介绍HTML5 History API（HTML5历史API），接下来通过Cross-Document Messaging API（跨文档消息传递API）实现不同服务器上页面之间的通信，之后讨论WebSocket和Geolocation（地理定位）这两个非常强大的API，它们可用来开发强交互的Web应用。最后将了解HTML5的Drag and Drop API（拖放API）。

这里的许多API刚开始是以HTML5规范的一部分发展起来的，但最终都分拆到了各自独立的项目中。余下的API虽然从未成为HTML5规范的一部分，却与HTML5有着千丝万缕的关系，甚至有时候开发者们都很难分清楚两者的界限。通过结合上述这些新特性，你就可以开发出体验效果更佳的应用。现在，我们先来看看History API。

本章将涉及以下API的相关内容。

□ History：管理浏览器历史记录（C 5、F 3、S 4、IE 8、O 10.1、iOS 3.2、A 2）。
□ C ross-Document Messaging：在跨域的内容窗口或<iframe>间传递消息（C 5、F 4、S 5、iOS 4.1、A 2）。
□ WebS ocket：在浏览器与服务器之间创建一个有状态链接（C 5、F 6、S 5、IE 10、O 12.1、iOS 6）。
□ Geolocation：从客户端浏览器获取经纬度（C 5、F 3.5、S 5、O 10.6、iOS 3.2、A 2.1）。
□ Drag and Drop：提供拖放交互功能（C 4、F 3.5、S 3.1、IE 6：部分支持、IE 10：完全支持、O 12）。

10.1　实例 30：保存历史记录

HTML5规范引入了管理浏览器历史记录的History API 。[1]通过它，我们可以添加历史到浏览器历史记录中、替换历史记录，甚至还可以存储数据。当我们重新访问页面时，还可以取回它们。

_____

[1] http://www.w3.org/TR/html5/browsers.html#history

这个新特性对于单页面应用而言非常有用，在单页面应用中，内容是动态修改的，但同时应允许用户使用后退按钮。

在5.2节，我们创建了一个AwesomeCo公司新主页的原型，点击导航标签栏时会切换主要内容区域的内容。这种方法的一个缺陷就是不支持浏览器后退按钮。如果我们点击一个标签，按下浏览器后退按钮能回到我们访问过的前一个页面，却回不到先前的标签页。我们将通过History API来解决这个遗留问题。

10.1.1 存储当前状态

当访问者打开一个新的Web页面，浏览器会将此页面添加到它的历史记录中。而当用户打开一个新标签页，我们就需要添加新标签页到我们自己的历史记录中。当前的主页原型已经实现了切换标签页的代码。我们只需实现保存用户所选标签页到历史记录中的代码即可。创建一个新方法addTabToHistory()：

html5_history/javascripts/application.js
```
Line 1  var addTabToHistory = function(target){
    2    var tab = target.attr("href");
    3    var stateObject = {tab: tab};
    4    window.history.pushState(stateObject, "", tab);
    5  }
```

这个函数接受用户点击的标签页。我们通过pushState()方法和href属性值，添加一个历史状态给浏览器，pushState()方法需要三个参数。第一个参数（stateObject）是后续需要交互的对象。当用户导航回目标历史点时，我们通过这个对象来存储所要显示标签页的ID。比如，当用户点击服务内容标签页时，我们就存储#services到stateObject对象的tab属性中。

第二个参数是用于鉴别历史状态的标题。它跟页面的<title>元素是两码事，只是一种用来鉴别浏览器历史记录中某个历史的方式。大多数浏览器会忽略该参数，因此，我们在这里设置空字串。

第三个参数是一个将显示在标题栏的URL。它可以是我们需要设置的任意内容。在这里，我们将在这个参数中再次使用标签页ID，因为这将添加一个散列到URL里 。如果我们的示例页面是放在后台服务器上的，并会应用到Ajax技术，传入像/about或/services这样的相对URL就更有意义了。在这种方式下，当用户进入这个URL页面时，后台服务器将会相应地做出响应。由于没有这样的静态页面，我们无法随意设置这个URL来让它正常工作。

要让新的代码生效，我们在链接点击事件处理方法中添加addTabToHistory()方法调用，传入用户点击的标签页：

html5_history/javascripts/application.js

```
$("nav ul").click(function(event){
  var target = $(event.target);
  if(target.is("a")){
    event.preventDefault();
    if ( $(target.attr("href")).attr("aria-hidden")){
      addTabToHistory(target);
      activateTab(target.attr("href"));
    };
  };
});
```

尽管当前代码添加了一个历史状态，我们还是需要编写用户按下后退按钮时的处理代码。

10.1.2   恢复上一状态

当用户点击后退按钮时，就会触发 **window.onpopstate()** 事件。我们通过回调函数来显示存储在状态对象（即前面的 stateObject 对象）中的标签页。

html5_history/javascripts/application.js

```
var configurePopState = function(){
  window.onpopstate = function(event) {
    if(event.state){
      var tab = (event.state["tab"]);
      activateTab(tab);
    }
  };
};
```

我们要做的就是从状态对象中获取先前存入历史记录里的标签页，并传入 activateTab() 函数中。代码重用真不错！

10.1.3   设置默认状态

我们有一堆的问题亟待解决。当我们第一次进入页面时，历史状态是空的，因此，需要自己动手来设置它。同时，无论何时点击一个标签页，URL 都会发生改变，但如果我们重新加载页面（刷新），就会显示欢迎内容标签页，而不是我们想要的标签页内容。因此，在页面加载时需要检查 URL，看看是那个标签页要被打开，并设置它。

html5_history/javascripts/application.js

```
var activateDefaultTab = function(){
  tab = window.location.hash || "#welcome";
  activateTab(tab);
  window.history.replaceState( {tab: tab}, "", tab);
};
```

如果location.hash为空值，我们就设置其默认值（#welcome）。之后，使用history.replaceState()来设置标签页。这个过程有点像pushState()，只不过它会替换当前历史而非添加新的历史。

现在，为了良好地组织代码，我们创建init()函数来调用这些新方法以及早前的configureTabSelection()方法。

html5_history/javascripts/application.js

```
➤ var init = function(){
    configureTabSelection();
➤   configurePopState();
➤   activateDefaultTab();
➤ };
```

之后，我们需要调用init()让程序运行起来。

html5_history/javascripts/application.js

```
init();
```

打开页面时，我们就可以遍历所有的标签页，同时你会发现通过后退按钮可以轻松返回到上次访问的标签页内容，而这一切都要归功于History API。

10.1.4 回退方案

前面的代码可以在Chrome、Firefox、Safari、IE 9及更高版本浏览器中正常运行。对于老式浏览器来说，最好的回退方案就是使用History.js，[①]它将创建一个跨平台方案来让历史记录功能运转起来。然而，这并不是一个简单直接的替代方案。要使用History.js，首先需要加载该库，之后修改你的代码并用它来替代浏览器的history（历史记录）对象。好在History.js紧密跟进规范，免去了你检测浏览器对历史记录支持程度的需要。由于History.js的使用需要修改原来的代码，我们就不在这里实现该方式了，把它留给你来完成吧！

首先，我们仍需要防止老式浏览器出现错误，因此，使用Modernizr库来检测历史记录特性的支持情况。在HTML页面中添加Modernizr库。

html5_history/fallback/index.html

```html
<script src="javascripts/modernizr.js"></script>
```

之后通过Modernizr.history封装对window.history对象的调用。

10

---

① https://github.com/browserstate/history.js/

html5_history/fallback/javascripts/application.js

```
$("nav ul").click(function(event){
  var target = $(event.target);
  if(target.is("a")){
    event.preventDefault();
    if ( $(target.attr("href")).attr("aria-hidden")){
      if(Modernizr.history){
        addTabToHistory(target);
      }
      activateTab(target.attr("href"));
    };
  };
});
var init = function(){
  configureTabSelection();
  if(Modernizr.history){
    configurePopState();
    activateDefaultTab();
  }
};
```

如果你打算使用History.js，就可以基于是否需要回退方案，通过`Modernizr.load()`来加载不同版本的代码。

下面来讨论如何在不同域的两个站点之间交换信息。

10.2   实例 31：跨域通信

客户端Web应用有个传统的限制，就是无法与其他域的脚本进行通信，这么做的初衷是为了保护用户的安全，这就是著名的同源策略[1]（Same-origin Policy，一个著名的安全策略，由Netscape提出）。这种安全策略在给用户带来保护的同时，也带来了诸多不便，特别是在具备合法理由需要在两个隔离的站点之间通信的情况下。有许多巧妙的方式来突破这种限制，包括使用服务器端代理以及应用一些URL技巧，等等。不过，现在我们有了一种更好的方式！

Cross-Document Messaging技术，或者称之为Web Messaging（Web消息传递）[2]，是一个实现跨域脚本间来回传递消息的API。例如，我们在http://support.awesomecompany.com网站上有一个表单，传送内容给另一个浏览器窗口或`<iframe>`，而这些浏览器窗口或`<iframe>`又位于http://www.awesomecompany.com上。当前的示例正是这样的情况。

AwesomeCo公司新的支持网站将提供一个联系表单，另外，客户支持经理还希望在紧挨着联系表单的地方，列出所有的技术支持联系人及他们的电子邮件地址，如图10-1所示。

---

[1] https://developer.mozilla.org/en/Same_origin_policy_for_JavaScript.

[2] http://www.w3.org/TR/webmessaging/#web-messaging

技术支持联系人信息最终来自于位于另一个服务器上的内容管理系统，因此，对于这个示例，我们将在联系表单旁边使用\<iframe\>元素嵌入技术支持联系人列表。如果用户点击联系人列表中的联系人时，应用能自动将其电子邮箱地址添加到表单左边的发送地址栏，那么客户支持经理一定会非常喜欢这个创意！

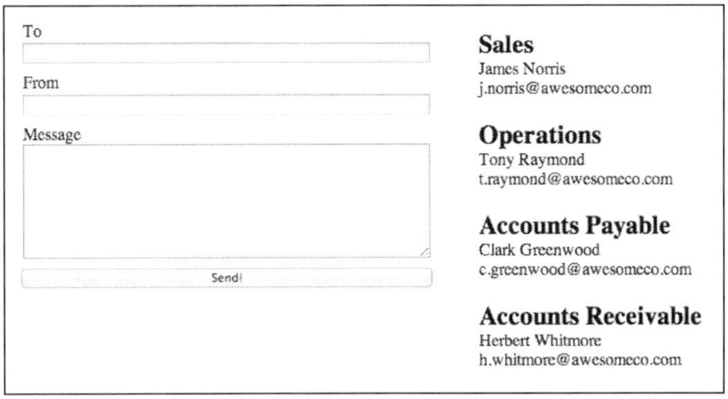

图10-1 开发完成后的支持网站

我们可以轻松实现这个功能，但你需要两个Web服务器来正确测试自己的程序。这里的示例需要部署在Web服务器上才能正常运行。最基本的条件是，你需要将联系人列表应用（前面提到所谓的内容管理系统）放在某个端口，支持网站部署在另一个端口，这样才能验证cross-document messaging技术是否可行。本书的源代码文件中提供了一个简单的脚本，你可以用来为这个示例程序启动一个Web服务器。这需要Node.js技术的支持，你可以通过回顾前言中关于Node.js和示例服务器的说明，来获得如何设置及启动服务器的详细信息。在这里，示例代码将使用的Web服务器URL及端口如下：

❑ 联系人列表应用：localhost:4000；
❑ 支持网站：localhost:3000。

如果你想把文件放在自己的服务器上，只需相应地替换代码中的URL即可。

10.2.1 联系人列表

先来创建联系人列表。这个文件将被嵌入到支持网站的\<iframe\>标签中，并会发送消息给支持网站。基本的HTML代码如下：

html5_cross_document/contactlist/index.html
```html
<!DOCTYPE html>
<html lang="en-US">
  <head>
    <meta charset="utf-8">
```

```
    <title>Contact List</title>
    <link rel="stylesheet" href="stylesheets/style.css" >
  </head>
  <body>
    <ul id="contacts">
      <li>
        <h2>Sales</h2>
        <p class="name">James Norris</p>
        <p class="email">j.norris@awesomeco.com</p>
      </li>
      <li>
        <h2>Operations</h2>
        <p class="name">Tony Raymond</p>
        <p class="email">t.raymond@awesomeco.com</p>
      </li>
      <li>
        <h2>Accounts Payable</h2>
        <p class="name">Clark Greenwood</p>
        <p class="email">c.greenwood@awesomeco.com</p>
      </li>
      <li>
        <h2>Accounts Receivable</h2>
        <p class="name">Herbert Whitmore</p>
        <p class="email">h.whitmore@awesomeco.com</p>
      </li>
    </ul>
  </body>
</html>
```

在这个页面里，我们将同时将加载jQuery库和我们自己的application.js自定义文件，并置于
</body>闭标签之前。

html5_cross_document/contactlist/index.html

```
<script
  src="http://ajax.googleapis.com/ajax/libs/jquery/1.9.1/jquery.min.js">
</script>

<script src="javascripts/application.js"></script>
```

联系人列表的样式代码如下所示：

html5_cross_document/contactlist/stylesheets/style.css

```
ul{
  list-style: none;
}

ul h2, ul p{margin: 0;}

ul > li{margin-bottom: 20px;}
```

这段代码只是对样式做了微调，以让列表看起来更简洁一些。

10.2.2 发送消息

当用户点击联系人列表中的一个列表项（联系人），我们将获取列表项的电子邮件地址，并回传一个消息给父窗口。postMessage()方法需要传入两个参数：消息本身以及目标窗口源。记住，联系人列表由http://localhost:4000提供服务，但是会被包含在另一个页面的<iframe>标签中，而该页面是由http://localhost:3000提供服务的。因此，我们要回传消息的目标窗口源URL是http://localhost:3000。

列表项点击事件处理函数的代码如下：

html5_cross_document/contactlist/javascripts/application.js

```
$("#contacts li").click(function(event){
  var email, origin;
  email = $(this).find(".email").html();
  origin = "http://localhost:3000/index.html";
  if(window.postMessage){
    window.parent.postMessage(email, origin);
  }
});
```

如果你使用自己的服务器，就需要修改目标窗口源，因为出于安全原因，需要匹配父窗口URL。

现在，我们需要来实现嵌入<iframe>元素并接收其传回消息的页面。

10.2.3 支持网站

支持网站的结构看起来跟联系人列表页面的结构非常类似，但为了保持内容独立，特别是考虑到这个网站需要部署在不同的Web服务器上，我们将在不同的文件夹中存放它。确保你加载了样式表、jQuery库以及新实现的application.js。我们的支持网站页面需要有一个联系表单以及一个引向联系人列表的<iframe>元素，代码如下所示：

html5_cross_document/supportpage/index.html

```
<div id="form">
  <form id="supportform">
    <fieldset>
      <ol>
        <li>
          <label for="to">To</label>
          <input type="email" name="to" id="to">
        </li>
        <li>
          <label for="from">From</label>
```

10

```
      <input type="text" name="from" id="from">
    </li>
    <li>
      <label for="message">Message</label>
      <textarea name="message" id="message"></textarea>
    </li>
  </ol>
  <input type="submit" value="Send!">
</fieldset>
</form>
</div>
<div id="contacts">
  <iframe src="http://localhost:4000/index.html"></iframe>
</div>
```

我们在stylesheets/style.css文件里设置上述HTML代码的样式。

html5_cross_document/supportpage/stylesheets/style.css

```
#form{
  width: 400px;
  float: left;
}

#contacts{
  width: 200px;
  float: left;
}

#contacts iframe{
  border: none;
  height: 400px;
}

fieldset{
  width: 400px;
  border: none;
}

fieldset legend{
  background-color: #ddd;
  padding: 0 64px 0 2px;
}

fieldset>ol{
  list-style: none;
  padding: 0;
  margin: 2px;
}
```

```
fieldset>ol>li{
  margin: 0 0 9px 0;
  padding: 0;
}

/* 让输入字段逐行排列 */
fieldset input, fieldset textarea{
  display:block;
  width: 380px;
}
fieldset input[type=submit]{
  width: 390px;
}
fieldset textarea{
  height: 100px;
}
```

这个样式将联系表单跟<iframe>元素水平排放在一起，并对表单字段添加了基本样式。

10.2.4　接收消息

每当当前窗口收到一条消息时，onmessage()事件都会被触发。这个消息作为该事件的一个属性被返回。我们用jQuery的on()方法来注册该事件，以便它能够在所有浏览器中正常工作。

html5_cross_document/supportpage/javascripts/application.js
```
$(window).on("message",function(event){
  $("#to").val(event.originalEvent.data);
});
```

jQuery的on()方法封装事件，并且不会暴露事件的每个属性。我们可以换用事件的 originalEvent属性来访问所需要的属性。

如果你在Firefox、Chrome、Safari或IE 8及更高版本中打开这个支持网站，会发现它运行得非常好。对于这些浏览器来说并不需要一个回退方案。一定要在服务器上运行示例代码脚本，并通过访问http://localhost:3000来发现运行中的问题。

如上所示，在两个独立的页面或应用中通信的能力，为创建更具模块化的应用奠定了坚实基础。

10.2.5　IE 8 及 IE 9 中的限制

虽然IE 8和IE 9都支持Cross-Document Messaging，但在IE 8和IE 9中，postMessage()函数只能处理字符串，而无法处理对象。此外，消息也只能在<frame>元素和<iframe>元素之间传递。这时，jQuery PostMessage插件就可以派上用场了，因为它允许对象序列化。①

---

① http://benalman.com/projects/jquery-postmessage-plugin/

现在，我们已经掌握了在两个站点之间传递消息的方法了。下面我们来了解如何实现服务器与用户间的双向通信。

10.3　实例 32：WebSocket 聊天

多年以来，Web开发者一直致力于实现服务器与用户间的实时交互，但其中的大多数实现都是通过调用JavaScript代码来触发远程服务器检查改变。HTTP属无状态协议，因此，Web浏览器会连接到服务器，获取响应，然后断开连接。在无状态协议上处理实时任务是一件非常痛苦的事情。HTML5规范引入了WebSocket技术，可以帮助浏览器创建一个到远程服务器的有状态连接。[①]我们可以使用WebSocket来创建各式各样的优秀应用。了解它们是如何工作的一个最佳方式就是编写一个聊天客户端，无独有偶，AwesomeCo公司网站正需要这样一个功能。

AwesomeCo公司打算在其支持网站上创建一个简单的、基于Web的聊天界面，供分散在各地的客户支持人员进行内部通信时使用。如图10-2所示。

图10-2　聊天界面

我们使用WebSocket技术来为聊天服务器实现这个Web界面。用户可以连接并发送消息给服务器。每个连接用户都可以看到这条消息。用户还可以模仿IRC聊天协议，通过诸如"/nick brian"这样的格式为自己分配一个昵称。我们不会在这里编写实际的服务端代码，因为已经有开发者替我们写好了。这个服务端代码在Web服务器上运行一个聊天服务端，我们可以用它来测试示例。

10.3.1　聊天界面

我们要创建的是一个非常简单的聊天界面（如图9-5所示），上面有一个表单可以改变用户昵

---

① WebSocket已被拆分成独立的规范，详情请参考：http://www.w3.org/TR/websockets/。

称；接下来是一个很大的消息显示区域（一个<div>元素），用来显示聊天内容；最后还有一个表单，通过发送按钮将消息发送到聊天服务器。

在这个新的HTML5页面中，我们将为这个聊天界面添加标记，包含两个表单和一个用来包含聊天消息的<div>元素。

html5_websockets/index.html

```html
<!DOCTYPE html>
<html>
  <head>
    <meta charset="utf-8">
    <title>My Chat Server</title>
    <link rel="stylesheet" href="stylesheets/style.css">
  </head>
  <body>
    <div id="chat_wrapper">
      <h2>AwesomeCo Help!</h2>
      <form id="nick_form" action="#" method="post">
        <p>
          <label>Nickname
            <input id="nickname" type="text" value="GuestUser"/>
          </label>
          <input type="submit" value="Change">
        </p>
      </form>
      <div id="chat">connecting....</div>
      <form id="chat_form" action="#" method="post">
        <p>
          <label>Message
            <input id="message" type="text" />
          </label>
          <input type="submit" value="Send">
        </p>
      </form>
    </div>
  </body>
</html>
```

同时，还需要加载jQuery库，并加载与WebSocket服务器通信的客户端JavaScript代码文件。在</body>闭标签之上添加它们。

html5_websockets/index.html

```html
<script
  src="http://ajax.googleapis.com/ajax/libs/jquery/1.9.1/jquery.min.js">
</script>
<script src='javascripts/chat.js'></script>
```

我们的stylesheets/style.css样式表文件代码如下所示。

10

html5_websockets/stylesheets/style.css

```
Line 1  #chat_wrapper{
          background-color: #ddd;
          height: 440px;
          padding: 10px;
     5    width: 320px;
        }

        #chat_wrapper h2{ margin: 0; }

    10  #chat{
          background-color: #fff;
          height: 300px;
          overflow: auto;
          padding: 10px;
    15    width: 300px;
        }
```

在第13行，我们给消息显示区域设置了overflow属性，这样，在其高度固定的情况下，过长的消息文本会被隐藏，但可以通过滚动条的滚动操作来查看完整消息内容。

随着聊天界面的完成，我们就可以来实现聊天界面与聊天服务器间通信的JavaScript代码部分了。

10.3.2　与聊天服务器的通信

不管使用什么样的WebSocket服务器，我们都将反复使用同一个模式。创建一个到服务器的连接，然后监听服务端事件，并做出相应的响应。

事　件	描　述
onopen()	当与服务器的连接建立时触发
onmessage()	当与服务器的连接发送一条消息时触发
onclose()	当与服务器的连接丢失或关闭时触发

在javascripts/chat.js文件中，我们首先需要连接到WebSocket服务器，如以下代码所示：

html5_websockets/javascripts/chat.js

```
var setupChat = function(){
 // 记得将IP地址更改为WebSocket服务器的实际IP地址
 var webSocket = new WebSocket('ws://192.168.1.2:9394/');
};
```

我们在setupChat()函数中放置所有的事件处理代码。这将保证更好的条理性，并让我们控制在何种情况下才会触发这些事件，避免事件代码直接运行。由于最后需要检测浏览器的WebSocket支持情况并在必要时加载回退方案，因此，我们希望事件在我们准备就绪时才触发。

连接到服务器时，我们需要通知用户连接已创建。因此，在setupChat()函数中定义一个onopen()方法：

> **html5_websockets/javascripts/chat.js**

```
webSocket.onopen = function(event){
  $('#chat').append('<br>Connected to the server');
};
```

当浏览器打开到服务器的连接，我们就在聊天窗口里发布一条通知消息。接下来，还需要显示发送给聊天服务器的聊天消息。我们同样在setupChat()函数里定义一个onmessage()方法来做这件事情，代码如下所示：

> **html5_websockets/javascripts/chat.js**

```
Line 1  webSocket.onmessage = function(event){
     2    $('#chat').append("<br>" + event.data);
     3    $('#chat').animate({scrollTop: $('#chat').height()});
     4  };
```

服务端消息通过event对象的data属性返回给我们。只需将此消息添加到聊天窗口。我们要预先思考一下每条响应消息的合适位置，但你完全可以按你自己的方式来考虑如何放置及呈现。在这里采取的方式是：使用jQuery来滚动聊天窗口，以便在底部显示新消息，如第3行代码所示。

接下来，处理连接断开时的情况。连接断开时即会触发onclose()方法。

> **html5_websockets/javascripts/chat.js**

```
webSocket.onclose = function(event){
  $("#chat").append('<br>Connection closed');
};
```

现在，我们只需要处理聊天表单中的多行文本字段即可，以发送消息给聊天服务器。这个事件处理方法同样放置在setupChat()函数里：

> **html5_websockets/javascripts/chat.js**

```
$("form#chat_form").submit(function(e){
  e.preventDefault();

  var textfield = $("#message");
  webSocket.send(textfield.val());
  textfield.val("");
});
```

我们处理表单的提交事件，获取表单中多行文本字段的消息内容，并通过send()方法发送消息给聊天服务器。

以同样的方式实现昵称更改功能，只不过是给发送的消息添加"/nick."前缀。聊天服务器将接收消息并更改用户名。

10

html5_websockets/javascripts/chat.js

```
$("form#nick_form").submit(function(e){
  e.preventDefault();
  var textfield = $("#nickname");
  webSocket.send("/nick " + textfield.val());
});
```

最后，调用setupChat()函数，使所有的事件得以触发执行。

html5_websockets/javascripts/chat.js

```
setupChat();
```

在更为复杂的应用中，更好的做法是将setupChat()方法里的内容拆分成独立的方法，这样，每个方法都各司其职。但在这里通过我们的方式能够运行起来，并用来验证所讨论的内容，这就足够了。

以上就是本样例的所有内容。Safari、Firefox以及Chrome用户可以立即使用浏览器参与体验实时聊天。当然，我们还要考虑到不支持原生WebSocket技术的浏览器，并将用Flash技术作为替代方案。

10.3.3　回退方案

并不是所有的浏览器都能支持socket连接技术，但Adobe Flash技术很早之前就提供了这一功能。可以使用Flash技术来担当socket通信层，同时，得益于web-socket-js库[1]的支持，我们可以轻松实现一个基于Flash技术的回退方案。

下载web-socket-js库[2]并放置到项目中。同时，我们还将再次使用Modernizr来检测浏览器对WebSocket的支持，在javascripts/chat.js文件中加载Modernizr库功能。首先，在页面中添加Modernizr库引用，之后，使用如3.1节包含load()函数的定制代码：

html5_websockets/index.html

```
<script src='javascripts/modernizr.js'></script>
```

接下来，在javascripts/chat.js文件中使用Modernizr.load()加载并配置回退方案：

html5_websockets/javascripts/chat.js

```
➤ Modernizr.load(
➤   {
➤     test: Modernizr.websockets,
➤     nope:
➤       {
```

---

① http://github.com/gimite/web-socket-js/

② https://github.com/gimite/web-socket-js/archive/master.zip

```
      "swfobject" : "web-socket-js/swfobject.js",
      "websocket" : "web-socket-js/web_socket.js"
    },
  callback: function(url, result, key){
    if (!result){
      if(key === "swfobject"){
        WEB_SOCKET_SWF_LOCATION = "web-socket-js/WebSocketMain.swf";
        WEB_SOCKET_DEBUG = true;
      }
    }
  },
  complete: function(){
    setupChat();
  }
  }
);
```

当浏览器不支持socket时，就会调用web-socket-js库，但我们还需要设置一个变量来指定WebSocketMain文件的位置，我们将在callback()函数里来实现，但只有在不支持socket的情况下才需要这么做。

我们在这段代码中加载了两个独立的脚本文件，callback()函数在脚本文件加载时即被触发。Modernizr用key来标识各个脚本文件，key将作为参数传给callback()函数。这样，我们就可以通知callback()函数哪个脚本文件被加载了。在这里，当web-socket-js脚本文件被加载时，我们就通过key来识别具体加载的脚本文件，以便设置回退方案所需的变量。

不管我们的浏览器是否支持socket特性，都需要运行setupChat()方法，以启动聊天应用。为此，我们将setupChat()方法移到complete()回调函数中。无论测试结果如何，complete()回调函数总是在加载过程即将结束时运行，非常合适用来放置必须执行的代码。

随着上述工作的完成，聊天应用就能够在所有的主流浏览器上运行了，前提是聊天服务器的托管主机也需要提供Flash Socket策略文件。

10.3.4　Flash Socket 策略文件

出于安全目的，Flash播放器只能与允许连接到Flash播放器的服务器进行socket通信。Flash播放器会首先试图通过服务器843端口获取一个简单的XML文件，这个文件名为Flash Socket策略文件，如果通过843端口获取不到该文件，接着就会尝试到服务器相同端口上获取。播放器发送包含以下数据的请求：

```
<policy-file-request/>
```

接下来，Flash播放器期望服务器返回如下格式的响应：

```
<cross-domain-policy>
    <allow-access-from domain="*" to-ports="*" />
</cross-domain-policy>
```

这是一个非常通用的策略文件，允许所有用户连接到服务上。如果要进一步考虑数据的安全性，可以设置更多的限制策略。记住必须将此文件放在与WebSocket服务器相同的IP地址上，并使用与WebSocket服务器相同的端口或指定的843端口。最好能放在843端口，因为Flash播放器总是首先发送请求到这个端口。

在本书的示例代码中，使用的样例Web服务器包含了一个简单的Flash Socket策略服务器，因此，你可以用来测试代码。关于设置Node.js和样例服务器的说明，请参考前言部分相关内容。服务器一旦运行起来，你就可以通过http://localhost:8000/html5_websockets/index.html来使用这个完整的聊天服务应用了。你可以尝试更多好玩的操作，通过IE 8和Chrome连接到聊天服务器，即可以测试WebSocket新特性，又可以测试回退方案，如图10-3所示。

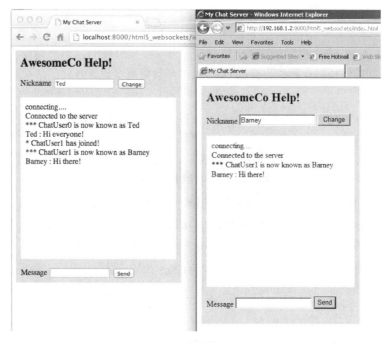

图10-3   跨浏览器聊天

如果你用虚拟机来做测试，请确保使用了运行聊天服务器的计算机的IP地址，因为`localhost`无法工作。

我们无法在这里进一步开展讨论，你可以参考本书源代码中的lib/chat.js，来了解聊天服务器的实现。

聊天服务器应用还只是一个开始。有了WebSocket特性，我们最终就有了一个将数据实时推送到用户浏览器的强大而简单的途径。

下面，我们将使用Web浏览器来判断经纬度。

10.4　实例 33：你在哪儿：Geolocation

Geolocation（地理定位）是一种基于用户计算机的位置，判断他们所处地理位置的技术。当然，"计算机"可以是智能手机、平板电脑或其他便携式设备，以及桌面或笔记本电脑。Geolocation 通过查询计算机的 IP 地址、MAC 地址、Wi-Fi 热点位置、甚至是 GPS 坐标来判断用户的位置。严格来说，Geolocation 并非 HTML5 规范的一部分（一直就不是），但它经常跟 HTML5 联系在一起，因为它们几乎同时出现。如同 Web Storage，Geolocation 是一项非常有用的技术，并已在 Firefox、Safari 以及 Chrome 中得到了支持。让我们来看看如何使用 Geolocation。

10.4.1　为 AwesomeCo 公司开发定位功能

我们已经为 AwesomeCo 网站开发了一个联系页面，此时该公司 CIO 又提出，能否实现一个功能，将公司员工连同多个支持中心的位置在地图上一并显示出来。他希望看到一个原型，因此，就让我们赶快做出一个来吧。

我们将通过 Google 的静态地图 API 来做这件事情，因为它不需要一个 API key，同时我们只需要生成一个很简单的地图。实现后的效果如图 10-4 所示：

图 10-4　当前位置在地图上标识为 Y

AwesomeCo 公司的服务支持中心分别位于俄勒冈州的波特兰、伊利诺斯州的芝加哥以及罗德岛州的普罗维登斯。Google 静态地图 API 使得在地图上标绘这些地点变得非常容易。我们只需构建一个 `<img>` 标签并传入 URL 格式的地址，如以下代码所示：

```
html5_geolocation/index.html
<img id="map" alt="Map of AwesomeCo Service Center locations"
src="http://maps.google.com/maps/api/staticmap?
&amp;size=900x300
&amp;sensor=false
&amp;maptype=roadmap
```

```
&amp;markers=color:green|label:A|1+Davol+square,+Providence,+RI+02906-3810
&amp;markers=color:green|label:B|22+Southwest+3rd+Avenue,Portland,+OR
&amp;markers=color:green|label:C|77+West+Wacker+Drive+Chicago+IL">
```

我们定义了图像的大小，之后通知地图API我们并不打算使用任何传感器设备（如可以发送信息给地图的客户端定位仪）。紧接着在地图上为各个支持中心定义标记，并给每个标记分配一个标签和一个地址。如果有各个支持中心的经纬度坐标的话，可以在这些标记的坐标描述部分使用逗号隔开的经纬度坐标信息，但在这里，使用地址信息来描述便于我们演示说明。

10.4.2   如何被找到

需要在地图上标绘出访问者当前的位置，我们将通过为新标记提供经纬度的方式来实现。通知浏览器获取访问者经纬度的代码如下所示：

html5_geolocation/javascripts/geolocation.js

```
var getLatitudeAndLongitude = function(){
  navigator.geolocation.getCurrentPosition(function(position) {
    showLocation(position.coords.latitude, position.coords.longitude);
  });
};
```

这个方法提示用户将他们的经纬度坐标数据提供给我们。如果访问者允许我们使用其位置信息，我们接下来就调用showLocation()方法。

showLocation()方法传入经纬度并重构图像，用新的图像源取代原来的图像源。实现代码如下所示：

html5_geolocation/javascripts/geolocation.js

```
Line 1  var showLocation = function(lat, lng){
    2      var fragment = "&markers=color:red|color:red|label:Y|" + lat + "," + lng;
    3      var image = $("#map");
    4      var source = image.attr("src") + fragment;
    5      source = source.replace("sensor=false", "sensor=true");
    6      image.attr("src", source);
    7  };
```

我们没有重复生成整个图像源的代码，而是追加新的经纬度坐标信息到已有图像源的代码后。将修改后的图像源应用回HTML文档中之前，需要将sensor参数由原来的false改为true（见第5行的replace()方法）。

最后，调用前面定义的getLatitudeAndLongitude()方法，启动应用。

html5_geolocation/javascripts/geolocation.js

```
getLatitudeAndLongitude();
```

在浏览器中打开页面时，就可以看到我们的位置了，在一堆位置中用Y标识。

10.4.3 回退方案

实际上，使用不支持Geolocation特性的浏览器的用户，也能够看到带有AwesomeCo公司支持中心位置的地图，但是他们会得到一个JavaScript错误信息，因为无法Geolocation对象。因此，在获取访问者位置之前，我们需要先检测浏览器对Geolocation特性的支持情况。可以再次使用Modernizr库，但如果无法通过浏览器获取经纬度的话，应该去哪里获取这些数据呢？

Google的Ajax API可以进行位置查找，因此，这是个非常棒的回退解决方案。[①]

回退方案的代码如下所示：

html5_geolocation/javascripts/geolocation.js

```
Line 1  var getLatitudeAndLongitudeWithFallback = function(){
     2    if ((typeof google === 'object') &&
     3        google.loader && google.loader.ClientLocation) {
     4          showLocation(google.loader.ClientLocation.latitude,
     5                      google.loader.ClientLocation.longitude);
     6      }else{
     7        var message = $("<p>Couldn't find your address.</p>");
     8        message.insertAfter("#map");
     9      }
    10  };
```

我们使用Google的`ClientLocation()`方法（第3行）来获取访问者的位置，并调用前面实现的`showLocation()`方法来在地图上标绘出位置。

之后，使用Modernizr库来检测Geolocation特性。如果浏览器支持Geolocation特性，就调用原有代码。如果不支持，我们就用`Modernizr.load()`方法的简化版本加载Google提供的jsapi库，之后调用上面的jsapi库`getLatitudeAndLongitudeWithFallback()`方法来标绘坐标。

html5_geolocation/javascripts/geolocation.js

```
if(Modernizr.geolocation){
  getLatitudeAndLongitude();
}else{
  Modernizr.load({
    load: "http://www.google.com/jsapi",
    callback: function(){
      getLatitudeAndLongitudeWithFallback();
    }
  });
}
```

然而，Google无法定位所有的IP地址，因此，我们可能仍然无法在地图上标绘出用户的位置；因此，我们在第7行输出一条信息来向用户说明这种情况。这里的回退方案并不简单，但它提供

[①] http://code.google.com/apis/ajax/documentation/#ClientLocation

了一个定位用户的更好的机会。

当前暂时还没有一个获取客户端坐标的可靠方法，我们得想个办法，让用户将其地址提供给我们，但这件事就交给你了。

接下来，我们看一下HTML5内建支持的拖放元素。

10.5　实例 34：通过拖放来整理内容

自鼠标出现之日起，我们早已习惯拖着元素满屏幕跑了。多年来，我们依靠JavaScript与DOM解决方案来实现浏览器拖放功能。HTML5规范提供了一种原生且性能更高的元素拖放方式，尽管实现起来有些复杂。

AwesomeCo公司的管理团队有个关于软件产品的主意：用户可以在虚拟卡片上写下想法，之后在屏幕上对这些卡片进行重新整理和排序。我们要为这项工作创建基本用户界面，这对我们来说是个实践原生Drag and Drop（拖放）功能的良机。最终效果如图10-5所示。

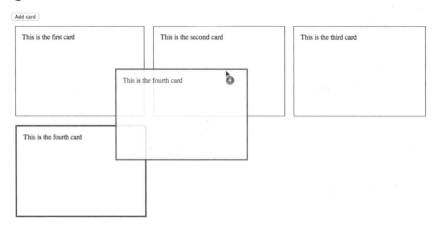

图10-5　卡片排序应用能够四处拖曳卡片

10.5.1　创建基本用户界面

我们开始使用基本的HTML5内容来构建应用界面，包括一个引用stylesheets/style.css样式表文件的链接、一个用于添加卡片的按钮，以及一个可以插入卡片并排序的屏幕区域范围。

```
html5_dragdrop/index.html
<!DOCTYPE html>
<html lang='en'>
  <head>
```

```
    <meta charset="utf-8">
    <title>AwesomeCards</title>
    <link rel="stylesheet" href="stylesheets/style.css">
  </head>
  <body>
    <h1>Quick Planner</h1>
    <input type="button" id="addcard" value="Add card">

    <div id="cards">
    </div>

  </body>
</html>
```

接下来，我们会在stylesheets/style.css样式文件中创建应用程序的CSS代码。当我们点击添加卡片按钮，就通过JavaScript创建各个卡片，卡片的标记代码如下所示：

```
<div class="card" draggable="true" id="card1">
  <div class="editor" contenteditable="true"></div>
</div>
```

每张卡片都是一个**<div>**标签嵌在另一个**<div>**标签中。里面的**<div>**标签供用户输入信息使用，因此，我们将在两个**<div>**元素间添加一些间距，具体样式代码如下：

html5_dragdrop/stylesheets/style.css

```
.card{
  background-color: #ffc;
  border: 1px solid #000;
  float: left;
  height: 200px;
  margin: 10px;
  width: 300px;
}

.editor{
  border: none;
  margin: 5%;
  width: 90%;
  height: 80%;
}

.editor:focus{ background-color: #ffe; }
.card:active{ border: 3px solid #333; }
```

当用户点击并"抓住"卡片，我们使用:active伪类来改变卡片边界，以便识别当前活动卡片。

10.5.2 添加卡片到界面

首先，需要编写点击添加卡片按钮时添加的新卡片的代码。我们借助一点jQuery代码来完成这项任务，并通过一个函数来封装这段逻辑。

html5_dragdrop/javascripts/cards.js

```
Line 1  addCardClickHandler = function(){
          window.currentCardIndex = window.currentCardIndex || 0;
          $("#addcard").click(function(event){
            event.preventDefault();

     5      var card = $("<div></div>")
              .attr("id", "card" + (window.currentCardIndex++))
              .attr("class", "card")
              .attr("draggable", true);

     10     var editor = $("<div></div>")
              .attr("contenteditable", true)
              .attr("class", "editor");

     15     card.append(editor);
            card.appendTo($("#cards"));
          });
        };
```

当我们添加一张卡片，需要为其分配一个唯一的ID。也可以通过一个复杂机制来实现，但在这里只用一个简单的计数器就好。在第2行，我们引用了一个currentCardIndex变量，其作为window对象的属性被添加。第一次调用这个函数时，该变量初始化为0。我们将该变量作为window对象的属性添加，是为了在后续的函数调用过程中，让变量值一直存在（全局变量，这样计数器才会不断累加）。要记住，window对象是全局可见的。在更复杂的场景里，我们可以创建自己的Application应用对象，并将值存在这个对象里，避免污染全局作用域。

之后，为卡片创建新元素。我们实现了一个用来呈现卡片的外层<div>元素，以及一个设置了contenteditable属性的内层<div>元素，用来封装信息文本内容。使用jQuery函数创建card元素（其实就是相嵌的两个<div>元素的组合标记），之后，在第7行，通过递增_currentCardIndex变量来设置card元素的ID。

最后，为外层<div>元素应用card类，设置draggable属性为true，并将card元素追加到#cards区域中去。完成了这些工作后，我们就可以点击添加卡片按钮，这时，一个新的索引卡片就会被添加到用户界面。由于设置了contenteditable属性，我们就可以点击每张卡片并在编辑卡片的文本内容。

10.5.3   整理卡片

编写整理卡片的代码之前，先来考虑其实现方式。当拖曳一张卡片（拖曳源）到另一张卡片（拖放目标）之上并释放鼠标时，拖曳源卡片就会插入到底下那张拖放目标卡片的后面。要达成此目的，我们传递拖曳源卡片ID给拖放目标卡片元素。当拖曳源卡片落下，就使用jQuery并通过元素ID来定位它（拖曳源卡片元素），并将其移动到合适的位置上。

Drag and Drop规范支持以下事件：

事 件	描 述
ondragstart	当用户开始拖曳某个拖曳源对象时触发，事件作用在拖曳源上
ondragend	当用户出于某些原因停止拖曳某个拖曳源对象时触发，事件作用在拖曳源上
ondragenter	当拖曳源元素移入拖放目标范围时触发，事件作用在拖放目标上
ondragover	当拖曳源元素在拖放目标上方移动时触发，事件作用在拖放目标上
ondragleave	当拖曳源元素移出拖放目标范围时触发，事件作用在拖放目标上
ondrop	当释放鼠标，拖曳源元素落到拖放目标上时触发，事件作用在拖放目标上
ondrag	拖曳某个拖曳源对象时就会连续不断地触发该事件，并会返回当前鼠标位置的X和Y轴坐标值，事件作用在拖曳源上

从构建应用代码的角度出发，只需关心其中的几个事件即可。

先来创建一个新的 **createDragAndDropEvents()** 函数，它负责本例中需要用到的所有拖放功能事件处理。在这个函数中，我们首先需要做的就是通过jQuery来获取页面#cards区域。这是程序插入卡片的区域。

html5_dragdrop/javascripts/cards.js

```
var createDragAndDropEvents = function(){
  var cards = $("#cards");
};
```

在这个方法里将定义各种拖放事件。当用户开始拖曳一张卡片时，**ondragstart()** 方法就会被触发。我们需要为该事件创建一个事件处理程序，在这个事件处理程序中，我们要获取卡片ID，并将ID存入 **dataTransfer** 对象中，这个对象保存从一个元素拖曳到另一个元素的内容，我们使用 **setData()** 方法来将这些内容保存到 **dataTransfer** 对象中。

要完成上述所有任务，我们打算监测每张卡片的 **ondragstart()** 事件。为每张卡片添加事件处理程序将出现一大堆冗余的处理代码，这将影响性能，因此，我们使用jQuery来创建委托事件。在页面#cards区域上创建事件，但通知jQuery将此事件委派给某张独立的卡片。这个事件也将被后面用户添加的新卡片所注册。

在 **createDragAndDropEvents()** 函数里，以下代码用于创建事件处理程序并存储卡片ID。

html5_dragdrop/javascripts/cards.js

```
Line 1  cards.on("dragstart", ".card", function(event){
     2    event.originalEvent.dataTransfer.setData('text', this.id);
     3  });
```

10

这里的setData()方法需要两个参数：所需保存数据的类型及内容。由于我们只保存元素ID，因此将数据类型设为文本类型。setData()可以接受一些MIME类型作为第一个参数，但为了考虑对老式浏览器的最大兼容性，这里我们只使用text关键字，这个关键字为HTML5规范所支持并对应text/plain MIME类型。在本书出版之际，针对本例场景，IE 10是唯一无法识别MIME类型的现代浏览器。

当我们释放鼠标，将拖曳源卡片落到拖放目标卡片上时，我们希望拖曳源卡片排在拖放目标卡片之后。我们通过ondrop()事件来处理，ondrop()事件的处理方式与ondragstart()事件相同。

html5_dragdrop/javascripts/cards.js
```
Line 1  cards.on("drop",".card", function(event){
     2     event.preventDefault();
     3     var id = event.originalEvent.dataTransfer.getData('text');
     4     var originalCard = $("#" + id);
     5     originalCard.insertAfter(this);
     6     return(false);
     7  });
```

我们从dataTransfer对象中获取拖曳源元素的ID，并使用getData()方法来指定数据类型。接下来，使用获取的ID来创建一个新的jQuery元素，之后使用insertAfter()方法将该元素放在当前元素（即拖放目标卡片）的后面。请记住，每张卡片既是拖曳源元素又是拖放目标元素。

getData()方法只能够在drop()事件中使用。出于安全原因，规范并不允许其他的拖放事件访问存储内容。drop()事件也是仅有的一个用户不能取消的拖放事件。

为了确保拖放操作正确进行，我们需要阻止dragover事件的触发，因为该事件在默认情况下，会导致浏览器阻止我们将元素落到其他元素上。[1]因此，我们在createDragAndDropEvents()函数中添加以下代码，以便将拖曳源卡片落到拖放目标卡片。

html5_dragdrop/javascripts/cards.js
```
cards.on("dragover", ".card", function(event){
  event.preventDefault();
  return(false);
});
```

以上就是主要的功能实现，但在这种拖放及contenteditable属性工作方式下，我们也遇到了一个缺陷。可拖放元素是不可编辑的。为了解决这个问题，当卡片编辑区域[2]获得焦点时，我们将移除卡片元素的draggable属性，而在卡片编辑区域失去焦点时，再为卡片元素重新添加回draggable属性。jQuery的parent()方法让获取卡片元素的操作变得非常简单。

---

[1] https://developer.mozilla.org/en-US/docs/Web/Reference/Events/dragover
[2] 即前面提到每张卡片中的第二个\<div\>元素：\<div class="editor" contenteditable="true"\>\</div\>。——译者注

html5_dragdrop/javascripts/cards.js

```
cards.on("focus",".editor" , function(event){
  $(this).parent().removeAttr('draggable');
});

cards.on("blur",".editor", function(event){
  $(this).parent().attr('draggable', true);
});
```

最后，启动以下两个函数来添加事件：

html5_dragdrop/javascripts/cards.js

```
createDragAndDropEvents();
addCardClickHandler();
```

现在，我们就可以添加和编辑卡片，并能够四处拖放它们进行整理排列了。当然，目前的方案还无法在老式浏览器中运行。

10.5.4　回退方案

这时候，Modernizr库就无法帮助我们检测Drag and Drop特性了。IE 8支持Drag and Drop特性，但对该特性的支持仅限于所选文本、链接以及图像。因此，即使Modernizr正确检测到浏览器支持Drag and Drop特性，仍然无法完全支持该特性。这样，我们将转而通过检测<div>元素是否支持draggable属性来判断浏览器是否支持Drag and Drop特性。如果不支持，我们就通过jQuery UI库的sortable()方法来满足我们的拖放整理需求。[①]

html5_dragdrop/javascripts/cards.js

```
Line 1  if ('draggable' in document.createElement('div')) {
          createDragAndDropEvents();
        }else{
          Modernizr.load(
      5       {
                load: "http://code.jquery.com/ui/1.10.3/jquery-ui.js",
                callback: function(result, url, key){
                  $('#cards').sortable();
                }
     10       }
          );
        }

        addCardClickHandler();
```

在第1行，我们检测浏览器对<div>标签的draggable属性支持情况。如果支持该属性，则触

---

① http://jqueryui.com/sortable/

发`createDragAndDropEvents()`方法。否则，就用`Modernizr.load()`来加载jQuery UI库。

　　一旦jQuery UI库被加载，我们就使用该库提供的`sortable()`方法来将#cards区域转变为可拖放整理区域。#cards区域中的所有子元素都将变得可拖放。仔细看看第8行，这行代码实现了我们通过原生Drag and Drop支持特性所做的一切。当然，这是必须添加的一行代码；我们仍然不得不引入一个外部函数库。

　　jQuery UI库里面有很多非常棒的内容，从日期选取小部件到复杂的动画，让你应接不暇。它是个庞大的库，你也许并不需要它所包含的所有东西。在这里，我们通过CDN加载jQuery UI库。但在生产环境中，你应该下载这个库并只加载所需要的组件。jQuery UI网站上有一个工具能够帮助你实现它。[①]

　　即使有了回退方案，我们还要关注另一方面：可访问性。针对无法使用鼠标的用户，规范并没有加以说明。如果我们实现了界面的拖放功能，还要开发一个不需要JavaScript或鼠标的备选方法，这个方法将视具体的功能而定。我们的卡片排列应用对于视障者而言是完全不可用的，因为我们一开始就没有考虑可访问性的计划。可以通过为每张卡片添加一个`order`字段并让用户输入一个数字，让代码更具可访问性。之后提供一个按钮，让用户可以按下按钮来重新排列卡片。这个界面甚至对视力正常的用户来说都可用，因为有些用户就是不喜欢四处拖放元素。

　　一般情况下，思考技术实现方案时，不要只针对老式浏览器用户考虑回退方案。应该要多思考怎样做才能给用户带来丰富体验，要知道，有些用户希望最大程度地利用你所创建的产品及服务。

10.6　未来展望

　　本章探讨的技术，尽管并不是所有的内容都是HTML5自身规范的一部分，却引领着Web开发的未来趋势。客户端承担的角色将越来越多、越来越重要。正是有了更好的历史记录管理，对用户而言，Ajax和客户端应用才有了更直观的感知和更多的交互响应体验。诸如GitHub、Flickr等网站，在大家普遍通过回退方案来确保那些不支持全部新特性的功能正常运转时，就率先将历史记录History API新特性付诸实践。在实时数据呈现及交互方面，WebSocket特性可以替代周期轮询远程服务的方式；现在，协议已经稳定了，可以预见WebSocket特性将在创建实时Web应用中越来越流行，特别是IE 10支持该特性之后。

　　跨域通信特性为我们提供了进一步融合Web应用的大好机会，要知道，在以往要做到如此直接的交互是不可能的。地理定位能够帮助我们创建更好的位置感知Web应用，随着移动计算市场不断壮大和发展，地理定位的意义日趋凸显。

---

① http://jqueryui.com/download/

拖放特性同样很成熟了。通过结合File API①，就可以创建将桌面文件拖放到浏览器中的应用程序。一旦越来越多的浏览器支持File API，你就可以创建一个采用纯Web实现方案的拖放文件上传应用，无需借助Flash或Silverlight技术。

深入探索这些API及新特性，并时刻关注它们的发展趋势。很快你就会发现，它们是你的Web开发工具箱中的"神兵利器"。

10

---

① http://www.w3.org/TR/FileAPI/

未来之路

11

在本书中我们已经讨论了许多内容，但还有其他很多让Web开发更加精彩的相关技术未提到，包括WebGL的3D-canvas支持、弹性盒子模型新的布局方式，以及不用担心同源策略的Ajax请求实现等内容。如果这些还不够，那么还有更多的新特性在等着你去一探究竟，诸如在后台处理数据、把信息从服务器推送到客户端，以及在图像应用中为元素设置滤镜效果等等。

尽管规范可能有点变化，也可能并不为所有浏览器所支持，但本章涉及的技术在合适的场景中却能成为一件称手的工具。我们将在本章探讨以下主题。

- ❏ 弹性盒子模型：使用C SS创建更好的布局（C 26、F 22、S 4、O 10.6）。
- ❏ 跨域资源共享（Cross-Origin Resource Sharing，CORS）：实现跨域A jax请求（C 4、F 3.5、S 4、IE 10、O 12.0、iOS 3.2、A 2.1）。
- ❏ Web Workers：在后台线程中处理密集或长时间运行的任务（C 4、F 3.5、S 4、IE 10、O 12.1、iOS 5、A 2.1）。
- ❏ 服务器发送事件：把信息从服务器单向推送到连接客户端（C 6、F 6、S 5、O 11、iOS 4）。
- ❏ CSS滤镜效果（`filter: blur(10px)`）：给元素应用模糊、灰度、旧色调、阴影以及其他效果（C 18、S 6、O 15、iOS 6）。
- ❏ WebGL的3D-canvas支持[①]：在画布上创建3D对象（C 8、F 4、S 5.1、O 12）。

我们先来讨论一个定义CSS布局的更好方式。

11.1　使用弹性盒子模型定义布局

使用CSS进行布局最难的地方之一就在于掌握如何分辨清楚“浮动和清除”，这两个CSS属性使得我们可以告别表格布局方式，用一种新的方式来对页面进行布局。

但实际上，我们滥用了浮动和清除属性，现在需要一种更好的方式。这正是设计弹性盒子模型的初衷。[②]尽管弹性盒子模型还不够成熟，却也指日可待！有了这个新的模型，设计跨平台支

---

① 有可能默认禁用，或者需要最新视频驱动程序的支持才能正常工作。

② http://www.w3.org/TR/css3-flexbox/

持的复杂布局就会变得简单。

下面使用弹性盒子模型来实现一个如样板般的"侧边栏在左边，内容区域在右边"的经典布局。先来实现HTML页面的基本标记：

where_next/flexbox/index.html

```
<!DOCTYPE html>
<html>
  <head>
    <meta charset="utf-8">
    <title>Home</title>
    <link rel="stylesheet" href="stylesheets/style.css" />
  </head>
  <body>
    <header>
      <h1>AwesomeCo</h1>
    </header>

    <div class="container">

      <section id="main">
        <h1>Some Story</h1>

        <p>
          Lorem ipsum dolor sit amet, consectetur adipisicing elit, sed do
          eiusmod tempor incididunt ut labore et dolore magna aliqua. Ut
          enim ad minim veniam, quis nostrud exercitation ullamco laboris
          nisi ut aliquip ex ea commodo consequat.
        </p>
        <p>
          Duis aute irure dolor in reprehenderit in voluptate velit esse cillum
          dolore eu fugiat nulla pariatur. Excepteur sint occaecat cupidatat non
          proident, sunt in culpa qui officia deserunt mollit anim id est laborum.
        </p>
      </section>
      <section id="sidebar">
        <ul>
          <li><a href="#">Related Link</a></li>
          <li><a href="#">Related Link</a></li>
          <li><a href="#">Related Link</a></li>
          <li><a href="#">Related Link</a></li>
        </ul>
      </section>

    </div>
    <footer>
      <p>Copyright © 2013 AwesomeCo</p>
    </footer>
  </body>
</html>
```

11

这样，我们就构建了一个经典的HTML5模版，连接了样式表文件，拥有一个<header>元素、一个<footer>元素，以及一个看似没什么用处的<div>元素（用于包含主要区域和侧边栏），其所有的子元素都是弹性元素（flex item）（也就是说，这个<div>元素是弹性容器）。在样式表中，定义<div>容器元素，代码如下所示：

where_next/flexbox/stylesheets/style.css
```
.container{
  display: -webkit-flex;
  display:          flex;
}
```

之后定义main区域的宽度，并在侧边栏上设置flex属性，使其装满剩余空间。

where_next/flexbox/stylesheets/style.css
```
#main{
  width: 80%;
  -webkit-order: 2;
          order: 2;
}

#sidebar{
  -webkit-flex: 1;
          flex: 1;

  -webkit-order: 1;
          order: 1;
}
```

更有趣的是，我们可以对文档元素重新排序。main区域在文档中先于侧边栏定义，但我们可以通过order属性重新排列文档元素，使输出效果最终看起来如图11-1所示。

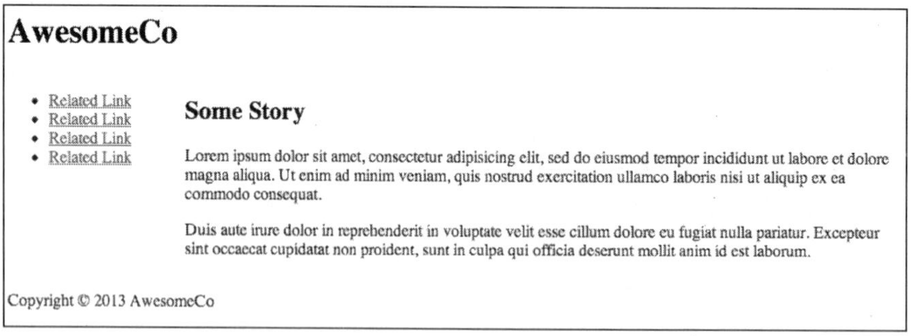

图11-1   设置侧边栏及主要区域位置后的布局

花些时间想想这对响应式Web设计意味着什么：你可以结合媒体查询使用这种方式，轻松对页面元素重新排序——花更少的精力，开发体验更佳的移动Web应用！

然而，各家浏览器对这种新模式的支持度参差不齐。IE 10和Safari都支持这个规范的老版本，在iOS平台也是这样。你可以通过Modernizr库来有条件地加载样式表，或者使用Flexie在页面上强制使用弹性盒子模型。①这听起来可能有点奇怪，但事实上现在有相当多的网站都在使用这个回退方案。你应该权衡一下，确定它是否适合你的项目。毫无疑问，弹性盒子模型要比胡乱摆弄浮动和清除更有吸引力。

11.2　跨域资源共享

同源策略是一种安全措施，用于防止跨域间的页面Ajax请求。但出于实际需要，我们曾经尝试过各种方式来突破这种限制，但跨域资源共享（CORS）是实现跨服务器请求的标准方式。首先，几乎所有的浏览器都支持这种方式，包括IE 10。

然而，要想正常使用跨域资源共享功能，访问目标域必须配置成接受CORS请求，同时，我们需要实现发送请求的代码。具体来说，服务器需要以以下头部进行相应：

```
Access-Control-Allow-Origin: *
```

就这样，只要各项内容设置完成，一个现代浏览器在处理请求服务时是不会有什么障碍的。浏览器发送一个"Origin"头部，服务器会针对它允许的范围对这个头部进行检查，如果匹配上，则接受这个请求。

由于所有的工作都在服务器上完成，这就超出了本书的讲解范围。可访问http://enable-cors.org/，找到其他一些有价值的信息，包括如何配置你的服务器。

11.3　Web Workers

我们使用JavaScript实现所有的客户端代码，但如果一项任务需要执行很长一段时间，就会迫使用户一直等待到任务结束。有时甚至会导致用户界面无法响应。Web Workers通过提供一种简单的方式来编写并行程序，或者把长时间运行的任务放至后台运行，来解决此类问题。

Web Workers并不是HTML5规范的一部分，但如果你需要在客户端做些后台处理，就应该对Web workers作进一步了解。②

来看一个简单的例子。我们打算使用Web Workers，并通过YouTube公共API获取数据，显示缩略图，当用户点击缩略图时，就会播放一段YouTube视频。最终效果如图11-2所示。

11

---

① http://flexiejs.com/

② http://www.whatwg.org/specs/web-workers/current-work/

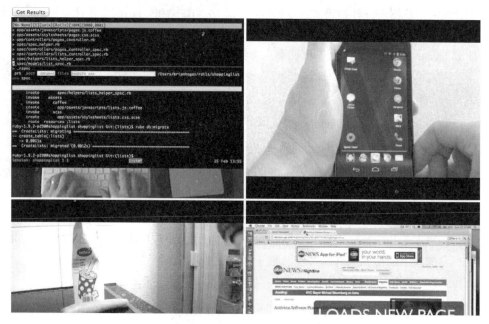

图11-2 使用Web Workers获取的视频

YouTube的公共API支持JSONP（JavaScript Object Notation with Padding，填充了内容的JSON格式数据，JSONP是一个非官方的协议，是JSON的一种"使用模式"）。也就是说，和我们以前常用的XmlHttpRequest方式不同，在使用JSONP的情况下，我们将关键字连同回调函数名称一起附加到符合搜索API格式要求的URL上，并在文档中将此URL添加到一个\<script\>标签里。随后，YouTube上的数据将传递给我们指定的回调函数。我们要做的就是编写回调函数的代码以解析数据。这种方式相当巧妙，让我们可以绕开讨厌的同源策略限制。

下面就来实现它。首先，创建一个非常标准的HTML页面。

where_next/web_workers/index.html

```
<!DOCTYPE html>
<html>
  <head>
    <meta charset="utf-8">
    <title>Web Workers</title>
    <style>
      #output > div{float: left; margin-right: 5px;}
    </style>
  </head>
  <body>
    <input type="button" id="button" value="Get Results">
    <div id="output"></div>
```

```
  <script
    src="http://ajax.googleapis.com/ajax/libs/jquery/1.9.1/jquery.min.js">
  </script>
  <script src="javascripts/application.js"></script>
</body>
</html>
```

页面加载了jQuery库以及一个scripts/application.js脚本文件，该脚本文件实现与页面间的基本交互功能。我们还在<head>标签里添加了一点CSS样式代码，以网格方式排列获取到的视频缩略图。

我们还有另一个JavaScript脚本文件javascripts/worker.js，该文件实现与YouTube间通信。这就是我们的Web Worker，按以下代码实现它：

where_next/web_workers/javascripts/application.js
```
var worker = new Worker("javascripts/worker.js");
```

某些JavaScript文件可以作为一个worker来运行，但对于worker来说，它必须独立于其他脚本，同时，worker脚本不可以访问DOM。也就是说，你不能在其中直接操纵元素。但你可以将数据传给worker，并在后面取回它。

我们的application.js脚本通过postMessage()发送信息给这个worker，代码如下所示：

where_next/web_workers/javascripts/application.js
```
$("#button").click(function(event){
  worker.postMessage("pragprog");
});
```

在这个例子中，我们发送搜索项给worker。worker可以返回信息给我们，通过监听worker的onmessage()事件，就可以操作这些信息了。

where_next/web_workers/javascripts/application.js
```
worker.onmessage = function(event){
};

worker.onerror = function(event){
  $("outpout").html("Why do you fail??");
};
```

每当worker回传了数据，即告完成一次执行。

因此，现在就来探讨一下怎样才能让worker获取主程序发来的信息，并回传信息给主程序（application.js）。首先。worker自身有一个我们需要监听的onmessage()事件。当主程序发送信息给worker，这个事件就会触发。

11

```javascript
var onmessage = function(event) {
  var query = event.data;
  getYoutubeResults(query);
};
```

我们传递搜索项给自定义函数getYoutubeResults()，这个函数会为我们构造搜索查询URL，并发送搜索请求给YouTube。通常在使用JSONP时，我们不得不通过给页面添加一个<script>标签来实现这个请求。但在Web Worker里，我们没有访问DOM、浏览器窗口或其他类似的对象。然而，我们有一个非常灵活的importScripts()方法，可以用来调用本地链接、相对链接以及远程链接。

```javascript
var getYoutubeResults = function(searchTerm) {
  var callback = "processResults";
  url = "http://gdata.youtube.com/feeds/videos?vq=" + searchTerm +
      "&alt=json-in-script&max-results=5&callback=" + callback;
  importScripts(url);
};
```

这块代码构造了搜索URL，并传入搜索关键字以及回调函数。现在要做的就是实现processResults()回调函数。

YouTube网站的响应信息如下所示：

```javascript
// 回调函数
processResults({
  "version": "1.0",
  "feed": {
    "title": {
      "$t": "Videos matching: pragprog",
      "type": "text"
    },
    "entry": [{
      "title": {
        "$t": "Using tmux for productive mouse-free programming",
      },
      "media$group": {
        "media$content": [{
            "url": "http://www.youtube.com/v/JXwS7z6Dqic,
            "type": "application/x-shockwave-flash",
            "medium": "video",
            "isDefault": "true"
        }],
        "media$thumbnail": [{
          "url": "http://i.ytimg.com/vi/JXwS7z6Dqic/0.jpg",
          "height": 360,
          "width": 480,
```

```
        "time": "00:02:01"
      }]
    }
  }]
}
});
```

来仔细看一下响应代码——processResults()回调函数,里面回传了一堆数据。当worker收到YouTube回传的这个响应数据,就会执行它。我们只需转换这些数据并回传给用户界面。提取缩略图及视频链接数据,并将其放到一个新对象里,通过postMessage()函数回传给用户界面。

where_next/web_workers/javascripts/worker.js

```
var processResults = function(json) {
  var data, result;
  for(var index = 0; index < json.feed.entry.length; index++){
    result = json.feed.entry[index]["media$group"];
    data = {
      thumbnail: result["media$thumbnail"][0]["url"],
      videolink: result["media$content"][0]["url"]
    }
    postMessage(data);
  }
};
```

最后,回到javascripts/application.js,我们完成onmessage()事件处理程序并将传回的每条信息添加到页面中。

where_next/web_workers/javascripts/application.js

```
worker.onmessage = function(event){
➤    var img = $("<img>");
➤    var link = $("<a>");
➤    var result = event.data;
➤    var wrapper;
➤
➤    link.attr("href", result.videolink);
➤    img.attr("src", result.thumbnail);
➤    link.append(img);
➤    wrapper = link.wrap("<div>").parent();
➤    $("#output").append(wrapper);
};

worker.onerror = function(event){
  $("outpout").html("Why do you fail??");
};
```

你可能已经注意到了Web Workers的API工作方式跟10.2节讨论的Cross-Document Messaging API很相似。我们通过workers获取一条信息,然后响应/处理这条信息。不过,低于IE 10的IE版本并不支持Web Workers。但如果你想在非阻塞客户端方面做更多的事情，就应该对此做进一步的探究。在这个例子中，我们还可以进一步检测浏览器的Web Worker支持程度，如果浏览器不支持，则可以考虑结合jQuery调用普通JSONP请求的回退方案。

调试workers是一件棘手的事情。由于我们无法访问DOM，也无法使用`console.log()`，因此，要调试workers，唯一的选择就是抛出一个异常，或者通过`postMessage()`回传数据，然后在onmessage()事件处理方法中将信息打印出来。这些方法有点笨拙，但的确有效。

对于那些长时间运行以及经常需要CPU密集计算,但又不希望阻塞用户界面主线程的任务，Web Workers无疑是非常好的方案。如果你的客户端在使用过程中时出现卡死现象，还请进一步探究，并考虑是否采用Web Workers方案。

11.4　服务器发送事件

Web Sockets技术很酷，但需要一个不同的协议，且实际用于双向通信。如果你只需要从服务器推送数据到客户端，可以考虑使用服务器发送事件（Server-Sent Events，SSE），它工作于普通的既有HTTP协议之上。

为了演示服务器发送事件，我们将创建一个非常基本的页面，用于显示来自服务端的消息。本书源代码中提供的Web服务器已经支持服务器发送事件，因此，我们会聚焦于客户端实现。按以下代码创建一个简单的HTML页面，并预留一个用于显示服务端推送消息的位置：

where_next/html5_sse/index.html

```
<!DOCTYPE html>
<html>
  <head>
    <meta charset="utf-8">
    <title>AwesomeCo Messages</title>
    <link rel="stylesheet" href="stylesheets/style.css">
  </head>
  <body>
    <h2>AwesomeCo Messages</h2>
    <div id="message">connecting....</div>
    <script src='javascripts/streamer.js'></script>
  </body>
</html>
```

此外，还需要创建一个javascripts/streamer.js文件，用于编写JavaScript代码，并在HTML文件中加载它：

where_next/html5_sse/index.html

```
<script src='javascripts/streamer.js'></script>
```

接下来，准备一些在浏览器页面中显示的数据。

11.4.1　监听事件

在javascripts/streamer.js文件里创建一个`createMessageListeners()`方法，其定义所有服务器发送事件的事件监听器，并建立到服务端事件流的连接。

where_next/html5_sse/javascripts/streamer.js
```
var createMessageListeners = function(){
  var messageSource = new EventSource("/stream");
}
```

我们通过EventSource对象来建立到事件流的连接。有赖于Web浏览器，由于同源策略的限制，这个源可能需要跟Web页面同处一个服务器。对服务器发送事件的跨域资源共享支持目前尚未普及开来。

```
createMessageListeners();
```

一旦我们建立了一个连接，服务器就会发送一个持续的消息流。一条最简单的样例消息如下所示：

```
data: We are bringing even more awesomeness to you!
```

单词data之后跟着一个冒号，后面依次跟着消息文本，以及一个空行——这不仅仅是一个换行符，而是一个空行。如下信息：

```
data: We are bringing even more awesomeness to you!
data: Are you ready to be even more awesome?
```

属于单条消息，但带有多行内容。而下面的样例消息：

```
data: We are bringing even more awesomeness to you!

data: Are you ready to be even more awesome?
```

则被当作两条独立的消息。你可以发送纯文本，或者构造JSON格式消息，JSON格式消息在客户端是可以解析的。协议非常简单，却又极其强大。服务端只需持续发送消息给所有的连接客户端，直到发送停止或客户端断开连接。

要获取一条信息，我们需要响应EventSource对象的`message`事件，并通过`event.data`获取消息，如以下代码所示：

where_next/html5_sse/javascripts/streamer.js
```
messageSource.addEventListener("message",  function(event){
  document.getElementById("message").innerHTML = event.data;
}, false);
```

就是这样了。主要的工作在于创建服务端代码，以及一旦你获取了消息，务必想清楚该如何处理这些消息。

你还可以监听其他事件，比如close、open，甚至你自己的定制事件。如果服务端发送这样一条消息：

```
event: stockupdate
data: {"stock": "MSFT", "value": "34.01"}
```

此时在客户端，你应该监听stockupdate事件，而不是message事件，并解析出数据。通过从服务端推送消息到客户端，你还可以通知客户端应该等待多长时间再重试：

```
retry: 10000
```

这将把客户端请求过程的等待时间由原来默认的3秒改为10秒。

可以通过回退方案在不支持服务器发送事件的老式浏览器中让这个示例程序正常运行。使用Modernizr来检测服务器发送事件的支持情况，并在不支持的情况下，加载一个简单的EventSource polyfill脚本[1]回退方案。

11.4.2   实现你自己的服务器

要在真实环境里实现服务器发送事件，需要编写发送持续消息的服务端代码，消息需遵循上述格式。只有当客户端通过以下头部格式请求消息时，服务端才会发送消息流响应给客户端：

```
Accept: text/event-stream
```

之后服务端应该确保设置了以下响应头部格式，以表明这是一个消息流响应：

```
Content-Type: text/event-stream;charset=UTF-8
Cache-Control: no-cache
Connection: keep-alive
```

一旦设置了响应，服务端就可以发送原始消息文本给所有的连接客户端。当然，要记得移除不再收听消息的客户端。

查看本书源代码中的lib/sse.js文件，你会发现这还只是一个很简陋的服务器实现。你也可以在node-sse[2]基础上自己构建一个服务器实现，node-sse已为你封装了大量复杂细节。

11.5   滤镜效果

当元素被插入到文档之后，就可以采用CSS滤镜效果对这些元素进行一些图像操作。[3]我们可以实现高斯模糊、镜面反射、合并、混合以及其他许多图像特效，而这些在以往常常需要通过图像软件来实现。

滤镜效果的规范实现还有很长的路要走，当前只有基于WebKit内核的浏览器如Chrome和

---

[1] https://github.com/remy/polyfills/blob/master/EventSource.js

[2] http://www.w3.org/TR/2013/WD-filter-effects-20130523/

[3] https://npmjs.org/package/sse

Safari支持部分的滤镜效果。具体来说，可以在WebKit内核浏览器中使用以下滤镜效果：

- ❑ `blur()` `blur(10px)`;通过设置以像素为单位的模糊值大小，给图像添加模糊效果。
- ❑ `grayscale()` `grayscale(0.5)`;通过设置0~1范围内的值，从图像上删除色彩，其中0为全彩，1为全灰图像。也可以设置百分比的值。
- ❑ `drop-shadow()` `drop-shadow(5px 5px 5px #333)`;给图像设置阴影，处理方式与`box-shadow`类似。
- ❑ `sepia()` `sepia(0.5)`;通过设置0~1范围内的值，创建泛黄旧相片效果，0为正常，1为完全棕褐色。也可以设置百分比的值。
- ❑ `brightness()` `brightness(1.0)`;调整元素色彩的亮度。0为完全暗色，1为正常，10为最大亮度。我们也可以设置百分比的值，其中100%为正常。
- ❑ `contrast()` `contrast(1.0)`;调整元素色彩的对比度，或者明暗度的差值。0为无对比度，1为正常，10为最大对比度。我们也可以设置百分比的值，其中100%为正常，任何大于100%的值都会导致更大的对比度。
- ❑ `hue-rotate()` `hue-rotate(90deg)`;通过角度或弧度，如同在色轮上对元素进行色相旋转。
- ❑ `saturate()` `saturate(0.5)`;通过设置0~1范围内的值，控制饱和度，或者图像色彩的鲜艳程度，其中0为无饱和度，10为最大饱和度。也可以设置百分比的值。
- ❑ `invert()` `invert(1)`;反转色彩，创建反转色效果。使用0~1或0%~100%范围内的值来设置效果。中间值为灰色图像效果。
- ❑ `opacity()` `opacity(1)`;设置元素的透明效果，以识别其后面的元素或色彩。使用0~1或0%~100%范围内的值来设置效果，其中0为完全透明，1为完全不透明。

对于这些属性，最美妙的应用莫过于跟过渡和动画效果的结合使用。例如，如果我们希望鼠标未悬停在页面图像之上时，图像是灰色的，只需要设置一点点CSS样式即可。

where_next/filters/stylesheets/style.css

```
img.photo{
  -webkit-filter: grayscale(1);
  -webkit-transition: -webkit-filter 0.5s linear;
}

img.photo:hover{
  -webkit-filter: none;
}
```

这比创建不同的图像文件，并通过JavaScript或CSS背景图像来实现图像交替的方式简单得多。

11

　当然，这些属性尚未得到所有浏览器的支持，尽管可以通过某些方式来让它们运行起来，目前最好先不要使用它们，如果打算使用它们，也务必要考虑好回退方案。一旦滤镜效果获得了稳定支持，并且能够在其他浏览器中实现，你就可以在需要的情景中使用它们。但跟所有的可视效果一样，要把握好使用的度。切勿用扎堆的滤镜效果"撑饱"你的页面，从而导致内容的偏离。

11.6　WebGL

我们已经在前面讨论过了<canvas>标签的2D上下文，但还有一个演进中的规范用来描述3D对象的使用方式。WebGL规范虽然不是HTML5的一部分，但Apple、Google、Opera和Mozilla是这个规范工作组的成员，并在各自的浏览器中实现了一些WebGL支持。[①]

3D图形的实现已经超出了本书的范围，如果你对此感兴趣，可以关注一个学习WebGL的网站：Learning WebGL[②]，该网站提供了一些很好的样例和教程。

11.7　前进！

作为开发者，现在可以说恰逢其时，因为这是令人激动的新技术时代！本书对未来技术趋势的阐述仅是皮毛。规范如此丰富，希望你能继续深入探究。随着时间的推移，规范会不断演进与完善，浏览器能力也将不断增强，而在开发之路上也将出现更多的选择。希望你充分利用本书的内容，如同你现在所做的那样，不断尝试新技术、持续探索并关注各种规范的演进。

现在，去实现自己的技术之梦吧！

[①] http://www.khronos.org/registry/webgl/specs/latest/

[②] http://learningwebgl.com/blog/

快速参考

在以下内容中，浏览器支持情况在小括号内用浏览器名称简写码方式以及所支持的最低版本号来表示。简写码含义为C：Chrome；F：Firefox；S：Safari；IE：Internet Explorer；O：Opera；iOS：带Safari的iOS设备，以及A：Android浏览器。

A.1 新元素

参考2.1节：

- □ `<header>`：定义页面或区块的页眉区域（C 5、F 3.6、S 4、IE 8、O 10）。
- □ `<footer>`：定义页面或区块的页脚（C 5、F 3.6、S 4、IE 8、O 10）。
- □ `<nav>`：定义页面或区块的导航条（C 5、F 3.6、S 4、IE 8、O 10）。
- □ `<section>`：区块，定义页面或内容分组的逻辑区域（C 5、F 3.6、S 4、IE 8、O 10）。
- □ `<article>`：定义文章或完整的一块内容（C 5、F 3.6、S 4、IE 8、O 10）。
- □ `<aside>`：定义次要或相关性内容（C 5、F 3.6、S 4、IE 8、O 10）。

其他元素：

- □ 定义列表：定义名字与对应值，如定义项与描述内容（所有浏览器），参考2.4节。
- □ `<meter>`：描述一个数量范围（C 8、F 16、S 6、O 11），参考2.2节。
- □ `<progress>`：通过设置进度条，显示实时进度情况（C 8、F 6、S 6、IE 10、O 11），参考2.2节。

A.2 属性

- □ 自定义数据属性：通过data-模式，允许给元素添加自定义属性（所有的浏览器都支持通过JavaS cript的getA ttribute()方法读取这些自定义属性），参考2.3节。
- □ 就地编辑功能（`<p contenteditable>lorem ipsum</p>`）：在浏览器中提供内容的就地编辑功能（C 4、F 3.5、S 3.2、IE 6、O 10.1、iO S 5、A 3），参考3.5节。

A.3   表单字段

参考3.1节：

- ❑ 电子邮件字段（`<input type="email">`）：呈现一个用于输入电子邮件地址的表单字段（O 10.1、iOS、A 3）。
- ❑ URL字段（`<input type="url">`）：呈现一个用于输入URL的表单字段（O 10.1、iOS 5、A 3）。
- ❑ 范围（滑动条）字段（`<input type="range">`）：呈现一个滑动条控件（C 5、S 4、F 23、IE 10、O 10.1）。
- ❑ 数值字段（`<input type="number">`）：呈现一个用于输入数值的表单字段，常显示为数值框（C 5、S 5、O 10.1、iOS 5、A 3）。
- ❑ 颜色选择字段（`<input type="color">`）：呈现一个用于指定颜色的表单字段（C 5、O 11）。
- ❑ 日期选择字段（`<input type="date">`）：呈现一个用于选择日期的表单字段，支持日期、月份或星期等选项（C 5、S 5、O 10.1）。
- ❑ 日期/时间选择字段（`<input type="datetime">`）：呈现一个用于选择日期及时间的表单字段，支持日期时间、本地日期时间或时间等多种选项（S 5、O 10.1）。
- ❑ 搜索字段（`<input type="search">`）：呈现一个用于输入搜索关键字的表单字段（C 5、S 4、O 10.1、iOS）。

A.4   表单字段属性

- ❑ 自动聚焦功能（`<input type="text" autofocus>`）：支持将焦点放置在指定元素上（C 5、S 4），参考3.2节。
- ❑ 占位文本功能（`<input type="email" placeholder="me@example.com">`）：支持在表单字段中呈现占位文本（C 5、F 4、S 4），参考3.3节。
- ❑ 必填字段（`<input type="email" required>`）：如果指定字段未填入值，则不允许提交页面（C 23、F 16、IE 10、O 12），参考3.4节。
- ❑ 正则表达式验证功能（`<input pattern="/^(\s*|\d+)$/">`）：如果字段内容不匹配指定模式，则不允许提交页面，（C 23、F 16、IE 10、O 12），参考3.4节。

A.5   可访问性

- ❑ role属性（`<div role="document">`）：向屏幕阅读器标明某个元素的作用（C 3、F 3.6、S 4、IE 8、O 9.6），参考5.1节。
- ❑ aria-live（`<div aria-live="polite">`）：标识一块自动更新的区域，如Ajax请求（F 3.6（Windows）、S 4、IE 8），参考5.2节。

- aria-atomic（<div aria-live="polite" aria-atomic="true">）：标识活动区域的整个内容可读还是只有更新的元素可读（F 3.6（Windows）、S 4、IE 8），参考5.2节。
- <scope>（<th scope="col">Time</th>）：将表头与表格的列或行关联起来（所有浏览器），参考5.3节。
- <caption>（<caption>This is a caption</caption>）：创建表格标题（所有浏览器），参考5.3节。
- aria-describedby（<table aria-describedby="summary">）：将一段描述关联到某个元素（F 3.6（Windows）、S 4、IE 8），参考5.3节。

A.6　多媒体

- <canvas>（<canvas><p>A lternative content</p></canvas>）：支持通过JavaS cript创建位图（C 4、F 3、S 3.2、IE 9、O 10.1、iOS 3.2、A 2），参考6.1节。
- <svg>（<svg><!-- XML content --></svg>）：支持通过XML创建矢量图（C 4、F 3、S 3.2、IE 9、O 10.1、iOS 3.2、A 2），参考6.3节。
- <audio>（<audio src="drums.mp3"></audio>）：浏览器原生支持的音频播放功能（C 4、F 3.6、S 3.2、IE 9、O 10.1、iOS 3、A 2），参考7.3节。
- <video>（<video src="tutorial.m4v"></video>）：浏览器原生支持的视频播放功能（C 4、F 3.6、S 3.2、IE 9、O 10.5、iOS 3、A 2），参考7.4节。

A.7　CSS3

- :nth-of-type（p:nth-of-type(2n+1){color: red;}）：找出某种类型的所有n个元素（C 2、F 3.5、S 3、IE 9、O 9.5、iOS 3、A 2），参考4.1节。
- :first-child（p:first-child{color:blue;}）：找出第一个元素（C 2、F 3.5、S 3、IE 9、O 9.5、iOS 3、A 2），参考4.1节。
- :nth-child（p:nth-child(2n+1){color: red;}）：顺序计数，找出特定的一个子元素（C 2、F 3.5、S 3、IE 9、O 9.5、iOS 3、A 2），参考4.1节。
- :last-child（p:last-child{color:blue;}）：找出最后一个子元素（C 2、F 3.5、S 3、IE 9、O 9.5、iOS 3、A 2），参考4.1节。
- :nth-last-child（p:nth-last-child(2){color: red;}）：向前计数，找出特定的一个子元素（C 2、F 3.5、S 3、IE 9、O 9.5、iOS 3、A 2），参考4.1节。
- :first-of-type（p:first-of-type{color:blue;}）：找出给定类型的第一个元素（C 2、F 3.5、S 3、IE 9、O 9.5、iOS 3、A 2），参考4.1节。
- :last-of-type（p:last-of-type{color:blue;}）：找出给定类型的最后一个元素（C 2、F 3.5、S 3、IE 9、O 9.5、iOS 3、A 2），参考4.1节。

- 分栏特性（`#content{ column-count: 2; column-gap: 20px; column-rule: 1px solid #ddccb5;}`）：将内容分割到多个列中（C 2、F 3.5、S 3、O 11.1、iOS 3、A 2），参考4.4节。
- :after（`span.weight:after { content: "lbs"; color: #bbb; }`）：使用content在特定元素后面插入内容（C 2、F 3.5、S 3、IE 8、O 9.5、iOS 3、A 2），参考4.2节。
- 媒体查询特性（`media="only all and (max-width: 480)"`）：基于设备设定，应用样式（C 3、F 3.5、S 4、IE 9、O 10.1、iOS 3、A 2），参考4.3节。
- border-radius（`border-radius: 10px;`）：给元素设置圆角（C 4、F 3、S 3.2、IE 9、O 10.5），参考8.1节。
- RGBa支持（`background-color: rgba(255,0,0,0.5);`）：使用RGB颜色设置值替代十六进制颜色设置值，并带有透明度设置值（C 4、F 3.5、S 3.2、IE 9、O 10.1），参考8.2节。
- box-shadow（`box-shadow: 10px 10px 5px #333;`）：设置元素的阴影效果（C 3、F 3.5、S 3.2、IE 9、O 10.5），参考8.2节。
- 旋转（`transform: rotate(7.5deg);`）：旋转元素（C 3、F 3.5、S 3.2、IE 9、O 10.5），参考8.2节。
- 渐变（`linear -gradient(top, #fff, #efefef);`）：创建渐变效果图像（C 4、F 3.5、S 4），参考8.2节。
- src: url（`http://example.com/awesomeco.ttf`）：允许通过CSS使用特定字体（C 4、F 3.5、S 3.2、IE 5、O 10.1），参考8.3节。
- 过渡（`transition: background 0.3s ease`）：延时间轴逐渐将一个CSS属性又一个值过渡到另一个值（C 4、F 3.5、S 4、IE 10），参考8.4节。
- 动画（`animation: shake 0.5s 1;`）：使用定义好的关键帧动画，沿时间轴逐渐将一个CSS属性又一个值过渡到另一个值（C 4、F 3.5、S 4、IE 10），参考8.4节。
- CSS滤镜效果（`filter: blur(10px)`）：给元素应用模糊、灰度、旧色调、阴影以及其他效果（C 18、S 6、O 15、iOS 6），参考11.5节。
- 弹性盒子模型：使用CSS创建更好的布局（C 26、F 22、S 4、O 10.6），参考11.1节。

A.8   客户端数据存储

- localS torage：以键/值对方式存储数据，绑定到某个域，并存储跨浏览器会话数据（C 5、F 3.5、S 4、IE 8、O 10.5、iOS 3.2、A 2.1），参考9.1节。
- sessionS torage：以键/值对方式存储数据，绑定到某个域，当浏览器会话结束时数据将被删除（C 5、F 3.5、S 4、IE 8、O 10.5、iOS 3.2、A 2.1），参考9.1节。
- IndexedDB：通过一个浏览器内建对象存储器（在IndexedDB中称为object store，也就是通常意义上的数据表），存储跨会话数据（C 25、F 10、IE 10），参考9.2节。

❑ Web SQL Databases：一个完整的关系型数据库，支持创建表、插入、更新、删除、查询等操作，并支持事务。绑定到某个域，存储跨会话数据。但已不再是活动的规范了（C 5、S 3.2、O 10.5、iOS 3.2、A 2），参考9.2节最后部分的描述。

A.9 其他API

❑ 离线Web应用：定义离线使用的缓存文件，允许应用在离线状态下运行（C 4、F 3.5、S 4、O 10.6、iOS 3.2、A 2），参考9.3节。

❑ History：管理浏览器历史记录（C 5、F 3、S 4、IE 8、O 10.1、iOS 3.2、A 2），参考10.1节。

❑ Cross-Document Messaging：在跨域的内容窗口或`<iframe>`间传递消息（C 5、F 4、S 5、iOS 4.1、A 2），参考10.2节。

❑ Web Sockets：在浏览器与服务器之间创建一个有状态链接（C 5、F 6、S 5、IE 10、O 12.1、iOS 6），参考10.3节。

❑ Geolocation：从客户端浏览器获取经纬度（C 5、F 3.5、S 5、O 10.6、iOS 3.2、A 2.1），参考10.4节。

❑ Drag and Drop：提供拖放交互功能（C 4、F 3.5、S 3.1、IE 6：部分支持、IE 10：完全支持、O 12），参考10.5节。

❑ 跨域资源共享（Cross-Origin Resource Sharing，CORS）：实现跨域Ajax请求（C 4、F 3.5、S 4、IE 10、O 12.0、iOS 3.2、A 2.1），参考11.2节。

❑ Web Worker：在后台线程中处理密集或长时间运行的任务（C 4、F 3.5、S 4、IE 10、O 12.1、iOS 5、A 2.1），参考11.3节。

❑ 服务器发送事件：把信息从服务器单向推送到连接客户端（C 6、F 6、S 5、O 11、iOS 4），参考11.4节。

❑ WebGL的3D-canvas支持[①]：在画布上创建3D对象（C 8、F 4、S 5.1、O 12），参考11.6节。

---

① 默认或许不可用，或者需要最新视频驱动程序的支持才能正常工作。

jQuery快速入门

一个干净、简洁而且能够跨浏览器工作的JavaScript程序，写起来是一件困难而繁琐的事情。为了让降低编码难度，许多JavaScript库应运而生，而jQuery无疑是其中最受欢迎的。它易于使用，拥有广泛的插件支持，非常适合用于创建回退方案和复杂的Web应用。

本附录内容将介绍本书用到的一些jQuery开发知识。但这些内容并不足以替代优秀的jQuery文档[1]，同时也并未详尽描述jQuery的特性和方法，却能帮助不了解jQuery的开发者迅速入门。

jQuery极大简化了DOM操作及事件处理。它通过CSS选择器定位元素，并将这些元素封装在特定JavaScript对象中，然后，开发者就可以更改元素或者给元素添加事件监听器。jQuery能够处理的任何工作，都可以用既有的JavaScript代码来完成，但jQuery的优势在于能够很好地解决跨浏览器支持的问题，并统一语法。

B.1 加载jQuery

可以从jQuery网站上下载并获取jQuery库，然后直接在网页中加载jQuery[2]，但在这里，我们通过Google服务器来加载jQuery，如以下代码所示：

jqueryprimer/simple_selection.html
```
<script
  src="http://ajax.googleapis.com/ajax/libs/jquery/1.9.1/jquery.min.js">
</script>
```

浏览器可以实现每次只发起少量的连接请求到一个服务器。如果我们将图片和脚本分发到多个服务器，用户就能够更快速地下载页面。采用Google CDN方式还有一个额外的好处，由于其他站点也同时连接到Google服务器上的jQuery库，因此，用户可能已经在他们的浏览器中缓存了jQuery。你可能已经知道，浏览器通过文件的完整URL来判断其是否已被缓存。如果你计划在无

---

① http://docs.jquery.com
② http://www.jquery.com

互联网接入的设备上使用jQuery，就应该选择在本地加载jQuery的方式。

B.2　jQuery基本要素

一旦你在页面中加载了jQuery库，就可以开始进行元素操作了。jQuery有一个jQuery()函数，可以通过CSS选择器来获取元素并将对应元素封装到jQuery对象中，这样，我们就可以操作这些元素了。

jQuery()函数有一个对应的简写形式：$();，这也是本书所使用的形式。全书以"jQuery函数"来描述它。

例如，如果你希望找出页面中的\<h1\>元素，可以这么做：

jqueryprimer/simple_selection.html

```
$("h1");
```

如果希望找出页面中所有的\<h1\>元素，也可以使用上述方式。如果你要找出带有important类的所有元素，可以这么做：

jqueryprimer/simple_selection.html

```
$(".important");
```

回顾一下。该行代码与前面一行示例代码的唯一区别在于所使用的CSS选择器不同。如果这时候我们想找出id为header的元素，只需这样：

```
var header = $("#header");
```

如果想找出侧边栏中的所有链接，又该如何处理呢？这时，只需使用合适的选择器即可，例如：$("#sidebar a")。

jQuery函数返回一个jQuery对象，这是一个特殊的JavaScript对象，包含了一个匹配选择器而筛选出来的DOM元素的数组。这个对象具有许多预先定义的方法，可以用来操作所选元素。我们来具体了解一下其中几个方法。

B.3　修改内容的方法

在本书示例项目的实践中，我们会使用几个jQuery方法来修改页面的HTML内容。

B.3.1　hide()、show()和toggle()方法

有了hide()和show()方法，隐藏和显示用户界面元素的操作就变得简单许多。可以隐藏一

个或多个页面元素，比如：

```
$("h1").hide();
```

全书中，我们使用hide()方法来隐藏只有在禁用JavaScript情况下才会显示的页面区块，如文字稿及其他一些回退内容。要显示元素，只需简单调用相反的show()方法。我们还可以通过toggle()方法来轻松切换元素的可见性。

如果jQuery函数找到了匹配选择器的元素项，所有的这些元素都会被显示、隐藏，或者切换可见性。因此，上面的这行代码并非仅仅隐藏页面中第一个<h1>元素，而是隐藏所有的<h1>元素！

如果要隐藏侧边栏中的所有链接，可以这么做：

```
$("#sidebar a").hide();
```

B.3.2   html()、val()和attr()方法

我们通过html()方法来获取并设置特定元素的内容。

```
$("#message").html("Hello World!");
```

在这里，我们在<h1>开闭标签之间设置了"Hello World!"的内容。

val()方法用来获取和设置表单字段的值，工作方式与html()方法完全相同。

attr()方法用来获取和设置元素属性。

B.3.3   append()、prepend()和wrap()方法

append()方法在一个已有元素后添加一个新的子元素。假设我们有一个如下所示的简单表单以及一个空的无序列表：

```
<form id="task_form">
  <label for="task">Task</label>
  <input type="text" id="task" >
  <input type="submit" value="Add">
</form>
<ul id="tasks">
</ul>
```

可以在提交表单时，通过追加新元素的方式来创建列表中的元素。

jqueryprimer/methods.html

```
$(function(){
  $("#task_form").submit(function(event){
    event.preventDefault();
    var new_element = $("<li>" + $("#task").val() + "</li>");
    $("#tasks").append(new_element);
  });
});
```

prepend()方法跟append()方法的工作方式是一样的，只不过prepend()方法在已有元素之前添加新元素。wrap()方法封装指定jQuery对象里的所选元素。

jqueryprimer/methods.html

```
var wrapper = $("#message").wrap("<div class='wrapper'></div>").parent();
```

在本书中，我们使用这些技术以编程方式创建了一些复杂结构。

B.3.4　CSS和类

可以使用css()方法来定义元素样式，如以下代码所示：

jqueryprimer/methods.html

```
$("label").css("color", "#f00");
```

我们可以分次给元素定义样式，也可以通过JavaScript的散列结构一次性地给元素分配多个CSS规则：

jqueryprimer/methods.html

```
$("h1").css( {"color" : "red",
              "text-decoration" : "underline"}
            );
```

然而，混用样式和JavaScript代码终究不是一个好方式。我们可以使用jQuery的addClass()和removeClass()方法在某个事件发生时添加或移除样式类。同时，需将样式类与样式关联起来。比如，可以结合jQuery事件和样式类，在表单字段获取或失去焦点时改变表单字段背景色：

jqueryprimer/methods.html

```
$("input").focus(function(event){
  $(this).addClass("focused");
});
$("input").blur(function(event){
  $(this).removeClass("focused");
});
```

这个例子非常简单，并可以用CSS3中的:focus伪类来替代实现，但某些浏览器并不支持这个伪类。

B.3.5　jQuery链式操作

jQuery对象方法返回的也是jQuery对象，这就意味着我们可以将各种jQuery方法无限制地以方法链的方式连接在一起，如以下代码所示：

jqueryprimer/simple_selection.html

```
$("h2").addClass("hidden").removeClass("visible");
```

注意不要滥用这种方式，否则会让代码晦涩难懂。

B.4　创建和移除元素

我们需要时不时创建新的HTML元素，以将其插入到文档中。可以使用jQuery函数来创建元素。当新元素需要添加事件或其他行为时，这个方法尤其有效。

jqueryprimer/create_elements.html

```
var input = $("input");
```

虽然可以通过document.createElement("input");来完成这个工作，但如果使用jQuery函数的话，就可以更轻松地调用更多的方法来完成。

jqueryprimer/create_elements.html

```
var element = $("<p>Hello World</p>");
element.css("color", "#f00").insertAfter("#header");
```

这是通过jQuery链式操作来帮助我们快速创建并处理结构的另一个例子。

我们往往还需要从DOM中移除元素。通过使用jQuery函数来选定元素，可以轻易地移除其所有的子元素：

jqueryprimer/remove_elements.html

```
$("#animals").empty();
```

或者移除元素自身：

jqueryprimer/remove_elements.html

```
$("#animals").remove();
```

开发动态Web应用程序时，这些特性会给你带来极大便利。

B.5　事件

当用户跟页面发生交互时，我们时常需要触发各种事件，jQuery使得这些操作变得非常容易。在jQuery里，许多常用事件都封装成了jQuery对象上的一个方法，触发事件时只需要调用该方法即可。例如，我们可以让页面上带有popup类的所有链接在新窗口中打开，代码如下所示。

jqueryprimer/popup.html

```
Line 1  var links = $("a.popup");
  2  links.click(function(event){
  3    var address = $(this).attr('href');
  4    event.preventDefault();
  5    window.open(address);
  6  });
```

在我们的jQuery事件处理方法中，可以通过this关键字访问所要操作的元素。在第3行，传入this给jQuery函数，以调用jQuery函数返回对象的attr()方法来快速获取链接的目标地址。

使用preventDefault()函数来阻止原始事件的触发，这样就不会干扰到相关操作。

B.5.1　事件绑定

某些事件在jQuery中没有对应的快捷方式，因此，可以使用on()方法来处理这些事件。比如，实现HTML5规范中的拖放功能时，需要取消ondragover事件，因此，按照以下方式使用on()方法：

jqueryprimer/events.html

```
target = $("#droparea")
target.on('dragover', function(event) {
  event.preventDefault();
  return false;
});
```

请注意，我们去掉了监听事件（ondragover事件）的on前缀。

B.5.2　进一步的事件绑定操作

为每一个元素添加click事件通常会导致页面渲染速度变得更慢，并且比正常情况下消耗更多资源。尽量避免为单个元素添加事件，我们可以通过监听这些元素的容器元素事件来达到目的。

jqueryprimer/events.html

```
Line 1  var links = $("#links");
  2  links.click(function(event){
  3    link = event.target;
```

```
4     var address = $(link).attr('href');
5     event.preventDefault();
6     window.open(address);
7   });
```

在第3行，我们使用event.target来获取用户实际点击元素的引用。之后可以将其封装到一个jQuery对象中来操作。即使动态添加新元素到页面#links所标识的范围里，这种方式也能很好地工作。

有时候，我们需要对监听事件做一些更为特殊的处理，那就可以考虑在父元素上定义事件处理方法，然后正确指定触发该事件的具体元素，代码如下所示：

```
links.on("click","a" , function(event){
  element = $(this);
  // 更多代码
});
```

在这个示例中，我们传入作为第二个参数的选择器给on()方法。用此方式可以获得与前一个示例相同的效果，但这给了我们更大的灵活性；如果我们有一个含有大量元素、且有不同事件需要监听的容器，这个方式将帮助我们很容易地将各种元素和对应事件联系在一起；反之，如果仅仅在父元素上触发点击事件，将捕获所有的点击事件并会造成事件冒泡。

B.5.3   原始事件

当我们调用一些诸如on()、click()这样的jQuery事件函数时，jQuery会使用自己的对象来封装JavaScript事件，并提供一些只有在这个封装对象上才能使用的属性。有时候，我们需要获取实际的JavaScript事件，以便访问并未被映射到jQuery封装对象上的属性。通过一个相应的名为originalEvent的属性，jQuery事件可以让我们访问原始事件。比如，可以按以下方式访问onmessage事件的data属性：

```
$(window).on("message",function(event){
  var message_data = event.originalEvent.data;
});
```

你可以通过这种方式来调用原始事件的属性或方法。

B.6   文档就绪

"不唐突的JavaScript"是指JavaScript与内容之间保持完全的分离。与在HTML元素上直接添加onclick事件不同，我们使用上一节中编写事件处理方法的方式。在不改变文档本身的情况下，悄悄地为文档添加行为。

这种方式的一个缺点是JavaScript在文档中的元素被声明之前，是"看不见"这些元素的。如果我们在文档的<head>标签中加载JavaScript代码，JavaScript代码就会立即被执行，并且这时候我们要交互的元素还不可用，因为它们还未被浏览器渲染。

可以在window.onLoad()事件处理方法中封装JavaScript代码，但这个事件只有在所有内容被加载之后才会触发。这会导致延时，意味着用户在事件绑定到元素之前就可以操作元素了。[①]我们需要考虑另一种方式，在DOM结构绘制完毕但又还未显示的时候[②]添加事件。

jQuery的document.ready()事件处理方法正是我们要找的方式，并跨浏览器支持。用法如下所示：

jqueryprimer/ready.html
```
$(document).ready(function() {
  alert("Hi! I am a popup that displays when the page loads");
});
```

正如你多次所见，document.ready()还有一个简写形式，如以下代码所示：

jqueryprimer/ready.html
```
$(function() {
  alert("Hi! I am a popup that displays when the page loads");
});
```

在JavaScript应用开发中，通过document.ready()来加载JavaScript代码是一个极其常用的设计模式。然而，我们往往通过将外部JavaScript脚本文件的调用代码放在</body>闭标签之前，来完全替代使用document.ready()的方式。只要没有脚本代码异步改变DOM，就不用担心这么做是否有问题。不过，在无法控制脚本的加载顺序，或者元素将被无序创建的情况下，使用document.ready()才是正确的选择。

B.7　合理使用 jQuery

尽管jQuery库的功能非常多，但并不总是必需的。如果只需要通过ID来定位页面元素，最好还是使用传统方式：

```
navbar = document.getElementById("#navbar");
```

只为个别需求而加载jQuery库未免有些小题大做。现代浏览器已经可以实现jQuery的大部分功能，比如document.querySelector()和document.querySelectorAll()，在现代浏览器中，这些方法用于通过CSS选择器来选择元素，语法也跟jQuery类似：

[①] 指先完成渲染的部分元素，例如我们有个<a>标签，本来希望点击它时执行我们添加的点击事件处理方法，但由于此时JavaScript代码尚未执行，点击它就会触发默认的打开链接事件，而不是调用我们添加的点击事件处理方法。
　　　　　　　　　　　　　　　　　　　　　　　　　　　　　　　　　　　　　　——译者注

[②] 即DOM结构绘制完毕但还没加载时。——译者注

```
links = document.querySelectorAll("a.popup");
```

在jQuery能够让你的生活变得更轻松时使用它。发现不用jQuery反而会更合适时，不要因为放弃它而感到不安。

这里简单介绍了jQuery功能。除了文档操作功能，jQuery还提供了大量方法，如表单序列化以及Ajax请求、简化循环和DOM遍历操作的实用函数，等等。一旦你对jQuery的使用得心应手了，必定会在你的项目中找到更多有关jQuery的极客功能。

附录 C

针对Web的音频和视频编码

对音频和视频进行编码，借助HTML5的<audio>和<video>标签来提供使用，这是一个复杂的话题，已超出了本书的范围，但如果有一天你需要准备自己的多媒体内容，希望这个简单的附录介绍能够为你提供正确的指引。

C.1 音频编码

你需要将视频文件编码成MP3和Vorbis格式，以方便更多的受众，要完成这项工作，需要借助一些工具。

对于编码MP3文件，LAME将带给你最佳音质。[1]在编码时你会考虑使用可变比特率。通过以下命令，就可以获得高品质编码的MP3文件：

```
$ lame in.wav out.mp3 -V2 --vbr-new -q0 --lowpass 19.7
```

对于编码Vorbis音频文件，可以借助Oggenc[2]来编码一个设定了某个可变比特率的优质音质的Vorbis文件，命令如下所示：

```
$ oggenc -q 3 inputfile.wav
```

你可以通过Hydrogen Audio网站来了解更多关于MP3和Vorbis编码的信息。[3]该网站上的有关内容非常不错，当然，你还需要不断实践设置方法，以达成自己的目标，并满足听众的需要。

C.2 视频编码

使用HTML5视频技术时，如果打算尽可能满足各个平台的需要，就应该将视频文件编码成多个格式。将视频文件编码成H.264、Theora以及VP8格式的工作是非常耗时的，无论是设置开源

---

[1] http://lame.sourceforge.net/

[2] http://wiki.xiph.org/Vorbis-tools

[3] 使用LAME编码MP3文件请参考http://wiki.hydrogenaudio.org/index.php?title=Lame#Quick_start_.28short_answer.29，编码Vorbis文件请访问http://wiki.hydrogenaudio.org/index.php?title=Recommended_Ogg_Vorbis。

编码器如FFmpeg。[①]，还是实际运行编码任务在这里，我们没有足够的篇幅来详细讲解FFmpeg的命令，其使用WebM容器将视频文件转换为VP8和Vorbis格式文件：

```
ffmpeg -i blur.mov
       -f webm -vcodec libvpx_vp8 -acodec libvorbis
       -ab 160000 -sameq
       blur.webm
```

如果你想省了自己动手处理的麻烦，可以考虑使用Zencoder[②] Web服务来将你的视频文件编码成所有必须的格式，以使用HTML5视频功能。将视频文件放在Amazon S3云服务或其他位置，接下来就可以借助Zencoder的Web接口或API调用来设置任务，并将视频文件编码成多种格式。Zencoder会提取视频文件，并进行编码，之后将新的视频格式文件回传给你所在的服务器。Zencoder Web服务并非免费，但它能够生成质量上乘的各种格式的视频文件，如果你有大量需要转换的内容，Zencoder将帮你节省大量处理时间。[③]

Miro视频转换器是一个很棒的开源选择，并且是免费的。[④]它预设了将视频文件转换成各种输出格式文件的功能，并可以批量编码。

将视频文件编码成多种格式的操作非常耗时，因此，在你按下编码按钮之前，请确保视频的完整性和正确性。如有可能，先编码一小段视频并不断测试以找到合适的设置方式。

[①] http://www.ffmpeg.org/

[②] http://www.zencoder.com/

[③] 开诚布公地说，提供Zencoder Web服务的公司叫Brightcove，我认识该公司的几个开发人员。即使没有这层关系，我也会推荐这个服务。

[④] www.mirovideoconverter.com/

附录 D

相关资源

Apple——HTML5
http://www.apple.com/html5/Apple的页面，有关Safari浏览器所支持的HTML5及Web标准。

Can I Use...
http://caniuse.com/HTML5、CSS3及相关技术的浏览器兼容性参考表格。

CSS3.Info
http://www.css3.info/有关组成CSS3的各种模块的大量背景信息和示例。

Font Squirrel
http://www.fontsquirrel.com提供各种格式的免版税字体，适用于在Web上分发。

HTML5
http://www.w3.org/TR/html5/万维网联盟网站上的HTML5官方规范。

HTML5——Mozilla Developer Network.
https://developer.mozilla.org/en/html/html5Mozilla开发者网络上的HTML5专题页面。

HTML5 Cross Browser Polyfills
https://github.com/Modernizr/Modernizr/wiki/HTML5-Cross-browser-Polyfills 我们常常需要在不支持HTML5和CSS3特性的浏览器上，实现HTML5和CSS3特性支持的回退方案，这个站点为实现回退方案提供了一个全面的填充物列表。[1]

---

[1] 浏览器不支持一些特性时，可以考虑使用其他一些脚本（第三方的或自己写的）来作为回退方案，这些脚本包含了跟标准特性同样名称及行为的某些属性和方法，通常这些脚本被称为填充物（Polyfills）。这可以让开发者按标准方式编程，且在以后浏览器支持这些新特性时，不需要改变原来的代码，同时，在当前浏览器不支持新特性的情况下，应用也可得到回退支持。——译者注

HTML5 Please	http://html5please.com/ 为现在能够使用哪个HTML5特性以及应该避免使用哪个特性提供即时建议。
Internet Explorer 10 Guide for Developers	http://msdn.microsoft.com/library/ie/hh673549.aspx 提供IE 10和Windows商店应用所支持的HTML5、CSS3及JavaScript的详细信息。
Microsoft IE Test Drive	http://ie.microsoft.com/testdrive/提供可在IE 10中运行的HTML5或相关特性的演示示例。
Kira's Web Toolbox："Setting Up a Flash Socket Policy File"	http://www.lightsphere.com/ dev/articles/flash_socket_policy.html包含了Web Sockets回退方案中用到的Flash Socket策略文件的详细描述。
Typekit	http://www.typekit.com通过一个简单的JavaScript API，为在你的网站上使用正版字体提供服务。
Unit Interactive："Better CSS Font Stacks"	http://unitinteractive.com/blog/2008/06/26/better-css-font-stacks/讨论字体栈（Font stacks），并带有一些很棒的示例。
Video.js	http://videojs.com一个JavaScript库，用于HTML5视频播放功能的回退方案。
WebPlatform.org	http://webplatform.org/提供了HTML5、CSS、JavaScript以及相关技术的丰富文档和教程。

参考文献

[Bur12] Trevor Burnham. JavaScript异步编程：设计快速响应的网络应用. 人民邮电出版社，2013.

[Duc11] Jon Duckett. *HTML and CSS: Design and Build Websites*. John Wiley & Sons, New York, NY, 2-11.

[HT00] Andrew Hunt，David Thomas. 程序员修炼之道. 人民邮电出版社，2007.

[Por10] Christophe Porteneuve. *Pragmatic Guide to JavaScript*. The Pragmatic Bookshelf, Raleigh, NC and Dallas, TX, 2010.

[Zel09] Jeffrey Zeldman. *Designing with Web Standards*. New Riders Press, Upper Saddle River, NJ, 2009.

图灵最新重点图书

2010 年 5 月，美股"闪电崩盘"，万亿美元市值蒸发。2011 年 4 月，亚马逊书店一本研究遗传学、晦涩难懂的旧书《苍蝇的成长》(*The Making of a Fly*)，售价居然在几天内飙升至 2400 万美元。谜底揭开后，人们发现……

《算法帝国》是《纽约时报》畅销书作者 Christopher Steiner 的又一力作，通过一个又一个引人入胜的故事，向读者介绍了算法掌控世界的真实情况，揭示了"机器人革命"是如何悄然在我们身边发生的。

算法帝国
书号：978-7-115-34900-2
作者：Christopher Steiner
定价：49.00 元

Node.js 实战
书号：978-7-115-35246-0
作者：Mike Cantelon, Marc
　　　Harter, T.J. Holowaychuk,
　　　Nathan Rajlich
定价：69.00 元

Python 开发实战
书号：978-7-115-32089-6
作者：BePROUD 股份有限公司
定价：79.00 元

CCNA 学习指南：路由和交换认证
（100-101，200-101，200-120）
书号：978-7-115-35302-3
作者：Todd Lammle
定价：129.00 元

写给大家看的设计书
（第 3 版·精装版）
书号：978-7-115-34338-3
作者：Robin Williams
定价：69.00 元

互联网思维的企业
书号：978-7-115-34930-9
作者：戴夫·格雷
　　　托马斯·范德尔·沃尔
定价：59.00 元

影响力：让网站内容打动访客
书号：978-7-115-35242-2
作者：Colleen Jones
定价：49.00 元

站在巨人的肩上
Standing on Shoulders of Giants

TURING
图灵教育

iTuring.cn

站在巨人的肩上
Standing on Shoulders of Giants

TURING
图灵教育

iTuring.cn